Michael Schulte

Warum haben Sie nicht das Pferd geheiratet?

Groucho Marx – sein Leben

W0218530

Serie Piper
Band 1279

Zu diesem Buch

Im Oktober 1990 jährt sich sein Geburtstag zum 100. Mal – im Mai 1972 hatte Groucho Marx seinen letzten großen Auftritt. In der New Yorker Carnegie Hall feierte er mit seiner Show einen sensationellen Erfolg, im gleichen Jahr, als der 81jährige in Cannes – vergeblich – dazu aufforderte, die Filmfestspiele wegen des Vietnam-Kriegs abzubrechen. Groucho und seine Brüder gehören zu den genialsten Komikern der Filmgeschichte.

Michael Schulte erzählt die aufregende Biographie des anarchistischsten, verrücktesten und unangenehmsten von ihnen, dessen Spezialität auf der Leinwand und im Leben die persönliche Beleidigung war; das Leben eines Mannes, der zu den unverwechselbarsten Typen des amerikanischen Kinos zählt.

Michael Schulte, geboren 1941 in München, lebt nach zahlreichen Auslandsaufenthalten als freier Schriftsteller und Übersetzer in Hamburg.

Michael Schulte

Warum haben Sie nicht das Pferd geheiratet?

Groucho Marx – sein Leben

Piper
München Zürich

Von Michael Schulte herausgegeben
liegen in der Serie Piper außerdem vor:
Das Morgenstern Buch (452)
Karl Valentins Filme (996)
Paris war unsere Geliebte (1026)

ISBN 3-492-11279-x
Originalausgabe
Oktober 1990
© R. Piper GmbH & Co. KG, München 1990
Umschlag: Federico Luci
Photo Umschlagrückseite: Uschi Bramke
Gesamtherstellung: Clausen & Bosse, Leck
Printed in Germany

Inhalt

Der Autor dankt der Kulturbehörde der Freien und Hansestadt Hamburg für die Gewährung eines Stipendiums, das ihm die Fertigstellung dieser Biographie ermöglichte.

Carnegie Hall

Groucho war nervös. Er machte sich Vorwürfe – auf dieses Abenteuer hätte er sich nicht einlassen dürfen! In seinen 65 Jahren Showbusiness war es ihm nie gelungen, seines Lampenfiebers Herr zu werden; damals nicht, als er noch in den windigsten Vaudeville-Klitschen im Mittelwesten auftrat, später nicht, als er erst im Radio, dann im Fernsehen der Nation populärster Quizmaster war: 14 Jahre lang hat er Woche für Woche die Sendung *You Bet Your Life* erfolgreich über die Runden gebracht – das Lampenfieber vor jedem Auftritt war sein ständiger qualvoller Begleiter gewesen.

Aber an diesem 6. März 1972 in New York war es schlimmer denn je. Das war mehr als Lampenfieber. Er sah eine Katastrophe heraufziehen. Nur noch wenige Stunden, und er würde auf der renommiertesten Bühne der Vereinigten Staaten stehen, der Bühne der Carnegie Hall. Das Telefon läutete. Don Delsener, der junge Produzent der Show teilte Groucho mit: »Ausverkauft! Die Leute prügeln sich um die Eintrittskarten.« Auch das noch! Nichts ist schwieriger zu befriedigen, als ein Publikum mit hohen oder gar überspannten Erwartungen. Und was war er? Ein Fossil aus einer längst versunkenen Welt des Vaudeville und der großen Hollywoodkomödien. Charles Chaplin hatte sich aufs Altenteil in die Schweiz zurückgezogen, W. C. Fields, Buster Keaton, Laurel & Hardy und seine Brüder Chico und Harpo waren tot. Und er? Er, Groucho Marx? Krank, schwächlich, 81 Jahre alt, sollte nun das verwöhnteste Publikum der Welt im Alleingang vom Stuhl reißen? Einfach lächerlich! Die Katastrophe war unausweichlich. Millionen Menschen hatte er zum Lachen gebracht. Ein trauriger Abgang stand bevor.

Warum nur hatte er dem *Evening with Groucho* in der Carnegie Hall zugestimmt? Drei Gründe konnte er ausmachen. Erstens seine unvorstellbare Geldgier: Vielleicht hatte er die (für damalige Verhältnisse) wahnwitzige Summe von 10000 Dollar nur in der insgeheimen Hoffnung gefordert, einen abschlägigen Bescheid zu erhalten. Aber nein, Don Delsener hatte tief geschluckt und eingeschlagen. Zweitens, wichtiger noch als das Geld, seine unheilbare Krankheit: Ein Publikum zu haben, das über seine Witze, Beleidigungen, schlagfertigen Antworten, absurden Wortspiele lacht und lacht und lacht. Auf alles konnte er verzichten, nur nicht auf ein spontanes Bonmot, so verletzend es auch für das Opfer sein mochte.

Der dritte Grund war seine neue Lebensgefährtin, Sekretärin, Agentin, Finanzverwalterin, Chauffeuse und gelegentliche Krankenpflegerin Erin Fleming, eine energische, streitsüchtige, mißtrauische und ebenfalls geldgierige Dame, über die die Ansichten auseinandergehen. Unbestreitbar aber hatte sie einem alten, deprimierten und vereinsamten Groucho neuen Mut geschenkt und wahrscheinlich sein Leben um Jahre verlängert. Als sie Groucho kennenlernte, war auch sie der Ansicht gewesen, daß der große Komiker nur noch eine lebende Legende war, verehrt, bewundert, doch halbvergessen. Daß dem nicht so war, sollte sich bald erweisen.

Nachdem sie bei Groucho erstmals zu Abend gegessen hatte, durfte sie sein Haus inspizieren und war nicht wenig erstaunt, in einem Zimmer an die 75000 ungeöffnete Briefe zu finden – die weltweite Fanpost aus der letzten Zeit. Briefe aus den USA, England, Frankreich, Deutschland, Italien undsoweiter. Die Kartons enthielten aber nicht nur Fanpost, sondern auch dutzendweise Engagementangebote. Der Mann war weder vergessen noch halbvergessen, sondern berühmt, beliebt und gefragt. Erin Fleming hatte ihre Aufgabe gefunden: Grouchos späte Jahre zu verwalten. Vorbei die Tage, da er nur noch im Bett lag, Zigarren rauchte und Bücher las, sich allenfalls mal auf einem Empfang oder in einem exklusiven Club kurz blicken ließ und ansonsten trübsinnig auf den Tod wartete. Die Karriere war noch nicht zu Ende, er mußte nochmal ran. Sein Körper war schwach, aber sein Geist funktionierte noch, seine Schlagfertigkeit war ungebrochen, seine Lust auf Publikum plötzlich wieder erwacht.

Aber Carnegie Hall war wohl doch ein wenig zuviel des Guten. Der leichte Mittagsimbiß, den Erin ihm auf seine Suite im Regency Hotel hatte kommen lassen, stand unberührt auf dem Tisch. Er versuchte, sich Mut zuzusprechen. Immerhin war die Generalprobe vor ein paar Tagen in der kleinen Universitätsstadt Ames, Iowa, überraschend gut verlaufen. Zu Beginn und am Ende der Vorstellung hatte sich das Publikum von den Plätzen erhoben und ihm stehend applaudiert. Der Beweis war erbracht: Noch immer konnte er eine große Menschenmenge stundenlang unterhalten, zu Lachstürmen bewegen. – Am Tag davor während des Abendessens waren einige Studenten an seinen Tisch gekommen. Er fluchte auf Nixon und den Vietnamkrieg und ergriff Partei für den linksliberalen Präsidentschaftskandidaten der Demokraten, George McGovern. Dann fing er an, über den Film zu sprechen. Sei man mit den Filmen von W. C. Fields, Charlie Chaplin und Laurel & Hardy vertraut? Sicher, aber die Marx Brothers stünden höher im Kurs. Das war keine höfliche, sondern eine ehrliche Antwort. Eigentlich hätten ihn die beiden Tage in Ames in Hochstimmung versetzen müssen.

Auch die Pressekonferenz am Vormittag dieses 6. Mai, zu der offenbar sämtliche Reporter und Journalisten New Yorks erschienen waren, hatte er glücklich überstanden. Als ihn jemand fragte, warum er nicht seine Traditionszigarre rauche, war ihm sogleich die richtige Antwort eingefallen: »Ich steck' mir eine an, wenn euch das gefällt. Ich wußte nicht, daß ich für euch hier eine Show abziehen muß. Ich habe gerade geduscht, und gewöhnlich rauche ich unter Wasser nicht.«

Dann wollte jemand wissen, was er mit seinen 10000 Dollar-Honorar anfangen werde? »Investier' ich in meine Sekretärin... eine dezente Umschreibung für das Mädchen da hinten.«

Der alte Groucho war noch immer der alte. Der Frauenhasser, der ständig hinter Frauen her war, der ohne Frauen nicht leben konnte, der Frauen brauchte, um sie bloßzustellen und fertig zu machen. An ihnen entzündete sich sein Witz am leichtesten, sie waren seine wehrlosesten Opfer. Und Grouchos Komik war immer Komik auf Kosten anderer; in den Filmen, jahrelang in den Quizsendungen und im Privatleben. Was die Filme anbelangt, ist er darin Chaplin verwandter als etwa Buster Keaton oder Stan & Ollie, die Opfer ihrer Umwelt werden, während Chaplin und Groucho die Umwelt ihren Zwecken opfern. Chaplin klaut sich sein Essen zusammen und mißhandelt Kinder, Groucho stiehlt, lügt und betrügt. Immer geht es ums Überleben. Dabei handeln Keaton und Laurel & Hardy meist in bester Absicht und Chaplin und Groucho in schlechtester.

Noch zwei Stunden bis zum Auftritt. Dick Cavett, der Groucho einführen soll, kommt herein, um ein paar letzte Details zu besprechen. Er ist schockiert. Ein selten gebrechlicher, unfreundlicher und lustloser Groucho begrüßt ihn. Groucho sagt fast nichts. Cavett hat ein ungutes Gefühl. Sie fahren zur Carnegie Hall.

Im Publikum sitzen Bürgermeister John Lindsay und jede Menge Prominenz: Woody Allen, Elliot Gould, Diane Keaton, Neil Simon, Art Garfunkel und so weiter. Aber wie schon in Ames, besteht der Großteil des Publikums aus Jugendlichen, die ihre liebste Kultfigur sehen wollen, den Mann, der für sie das Antiestablishment repräsentiert. Viele haben sich als Groucho verkleidet und sahen, wie die *New York Times* schrieb, »Groucho ähnlicher als Groucho selbst«.

Der Abend begann mit Beethovens Waldstein-Sonate, genauer, mit den ersten Takten der Waldsteinsonate, denn

Groucho mit seiner letzten Lebensgefährtin Erin Fleming (1974)

schon bald wechselte der Pianist Marvin Hamlisch zu einem Melodienpotpourri aus den Marx-Brothers-Filmen. Jede Melodie wurde vom Publikum mit Applaus und Gejohle begrüßt, als handelte es sich um die Top Ten der neuesten Hitparade. Danach hielt Dick Cavett seine Einführungsrede. Auftritt Groucho. Wie ein Mann erhebt sich das Publikum und bringt ihm eine Ovation dar. Seine ersten Worte gelten seinen Brüdern, was vom Publikum mit neuem Applaus aufgenommen wird.

Nummer 1 auf dem Programmzettel lautet: *Groucho Marx: Violin Solo*. Groucho nimmt eine Violine, zertrümmert sie und sagt: »Ich hab' die Schnauze von Jack Benny voll, und von der Geige auch.« Dann läßt er sein anekdotenreiches Leben Revue passieren, liefert eine witzige Autobiographie, die er mit dem Vortrag alter Songs auflockert, wobei ihm Erin Fleming gelegentlich assistiert. Er erzählt von Margaret Dumont, T. S. Eliot und Winston Churchill, der, darf man seinen Worten Glauben schenken, Rudolf Heß nicht empfangen hat, weil er sich in 10 Downing Street gerade *Monkey Business* ansah.

Nach der Pause soll die berühmte Kabinenszene aus *A Night at the Opera* gezeigt werden. Aber der Projektor streikt. Mit ein paar giftigen Bemerkungen zieht sich Groucho von der Bühne zurück, während der Mann im Vorführraum die Filmrolle wieder und wieder einlegt und den Projektor in Gang zu bringen versucht. Vergeblich. Man beschließt, den Film wegzulassen und mit dem Programm fortzufahren. Die Leinwand schnellt hoch und dahinter sitzt Groucho auf einem Stuhl – und war eingeschlafen. Wenn es noch eines Durchbruchs bedurft hätte, hier war er. Dieser ebenso komische wie rührende Anblick brachte das Publikum vollends aus dem Häuschen. Jeder Bühnenkünstler träumt davon, einmal in Carnegie Hall auftreten zu dürfen; Carnegie Hall ist im Musik- und gehobenen Showbusiness das, was Schriftstellern der Nobelpreis oder Malern eine Ausstellung im Museum of Modern Art ist. Und da sitzt nun jemand, der dieses phantastische Ziel erreicht hat, und ist während seiner eigenen Vorstellung eingeschlafen. Das Gelächter weckt Groucho auf, und er singt noch einige Chansons. Als Zugabe steckt er sich eine Zigarre an und schnellt die Augenbrauen hoch. Wieder erhebt sich das Publikum, um ihm zuzujubeln. Das Publikum wußte es, Groucho wußte es: eine große Karriere war zu Ende.

Eine Kindheit in New York

Levy (Lafe) Schönberg war das schwarze Schaf der Familie. Wahrscheinlich 1822 im ostfriesischen Dornum geboren, sagte er sich bald von der alten jüdischen Tradition seiner Familie los und beschloß, ein Wanderleben als Schausteller zu führen. Da sich seine Fähigkeiten als Magier in deutlichen Grenzen hielten, darf man annehmen, daß noch andere Beweggründe seinen Entschluß herbeigeführt haben. Überliefert ist jedenfalls seine unersättliche Leidenschaft für das schöne Geschlecht. Und ein fahrender Gesell konnte sich leichter als sonst jemand vor den Folgen seines Treibens drükken. Als ihn 1850 sein Weg wieder nach Dornum führte, machte er die Bekanntschaft eines drallen Mädchens namens Fanny Sophie Salomons, das aus dem Nachbarort Bruchhausen stammte, wo es (vermutlich) 1828 zur Welt gekommen war. Fanny war strenggläubige Jüdin, was den Bauchredner Levy Funk – so sein Künstlername – abgeschreckt haben dürfte, hätte sie nicht auch einen starken Hang zum Künstlerischen gehabt: sie spielte Harfe und jodelte dazu.

Einige Biographen der Marx Brothers meinen, Fanny habe einer begüterten Familie entstammen müssen, da sie ein so teures Instrument wie eine Harfe besaß. Fest steht nur, daß ihre Eltern unbekannt sind und sie am 15. Januar 1851 den Levy Schönberg heiratete. Viel Geld hat sie wohl kaum in die Ehe mitgebracht, da der frisch Angetraute sich bald gezwungen sah, sein Brot als Schirmhersteller und hausierender Kesselflicker zu verdienen. Wie damals üblich, setzten auch sie ein Kind nach dem anderen in die Welt, was sie ihrem Traum, in die USA auszuwandern, nicht gerade näher brachte. Für uns ist nur die Geburt der Tochter Miene am 9. November 1864 von Interesse. Ihr war es bestimmt, die Mutter des größ-

Die Großeltern Fanny und Lafe Schönberg (1901)

ten Komikertrios der Filmgeschichte zu werden. Levy war fast 60 und Fanny über 50, als sie das Geld für die Überfahrt nach New York zusammenhatten. Ob sie alle acht überlebenden Kinder mitnahmen, ist nicht bekannt. Miene jedenfalls war mit von der Partie.

Zwischen 1860 und 1890 waren nahezu fünf Millionen Deutsche – meist aus wirtschaftlichen Erwägungen – in die USA ausgewandert. Nur wenige konnten ihren Lebensstandard verbessern, viele vegetierten unter noch schlechteren Bedingungen dahin als zu Hause. Aber es wurden auch Arbeitskräfte benötigt, vor allem in den Fabriken, da die Vereinigten Staaten sich zu dieser Zeit rasch von einem Agrarstaat in eine Industrienation wandelten. Levy Schönberg änderte seinen Namen in Lafe Schoenberg, aber das half wenig, zumal er und seine Frau die englische Sprache nicht beherrschten. Groucho schrieb später in seiner Autobiographie *Schule des Lächelns*: »Aus irgendwelchen sonderbaren Gründen schien so gut wie keine Nachfrage nach einem deutschen Bauchredner und einer fremdsprachigen jodelnden Harfenistin zu bestehen.« Lafe reparierte Schirme, und Fanny arbeitete in einer Hutfabrik. Sie kamen eher schlecht als recht über die Runden.

Simon Marrix kam 1861 im Elsaß zur Welt. Nach dem Krieg von 1870/71 wurde seine Heimat von Deutschland annektiert. Noch Jahre danach war ein möglicher neuer Krieg zwischen Deutschland und Frankreich Tagesgespräch; alle wehrtüchtigen Elsässer hätten auf der Seite Deutschlands kämpfen und auf ihre französischen Landsleute, Freunde oder Verwandten schießen müssen. Grund genug für Simon Marrix, im Jahre 1881 ins Land der unbegrenzten Möglichkeiten auszuwandern, ein Schritt, der ihm erleichtert wurde, da einige seiner Cousins bereits in den USA lebten. Er hatte also keine Mühe, einen Sponsor zu finden. Dieser überredete Simon auch bald nach dessen Ankunft in New York, wo sie zunächst ein Zimmer teilten, seinem Beispiel zu folgen und den deutsch klingenden Namen Marx anzunehmen; Deutsche hatten den Ruf, fleißiger und zuverlässiger als Franzosen zu sein, Jobsuche und künftiger Karriere konnte das nur zustatten kommen.

Ob das stimmte, mag dahingestellt bleiben, viel genutzt hat die Namensänderung jedenfalls nicht. Simon war von mäßiger Intelligenz und ein miserabler Geschäftsmann, doch ein guter Familienvater, den Gutmütigkeit und stoische Ruhe auszeichneten, Eigenschaften, die ihn in dem chaotischen Haushalt der Marxens zweifellos vor dem Wahnsinn retteten. In Straßburg war er Tanzlehrer gewesen, warum sollte er sich in der Neuen Welt nicht in seinem alten Beruf versuchen? Er schrieb sich also erst mal in Mr. Engleharts Tanzschule auf der Second Avenue ein. Kein schlechter Gedanke – konnte er doch vielleicht ein paar neue Schritte lernen, wertvolle Verbindungen knüpfen und vor allem heiratswillige Mädchen kennenlernen.

So schlecht es auch Lafe und Fanny Schoenberg gegangen sein mochte, sie hatten immerhin genug Geld, ihrer Tochter Miene, inzwischen Minna, einen Tanzkurs in Mr. Engleharts Institut zu spendieren. Falls diese großherzige Geste von der Hoffnung begleitet war, Minna möge dort einen wohlhabenden Freier finden, wurden sie bald bitter enttäuscht. Minna fand zwar einen Freier, aber wohlhabend war er nicht. Alles, womit sie aufwarten konnte, war ein verhinderter Tanzlehrer aus Straßburg. Besser als nichts, immerhin ein Maul weniger zu stopfen. 1884 wurde geheiratet.

Simon und Minna mieteten eine Wohnung im Hause 354 East 82. Straße. Lafe und Fanny zogen gleich mit ein, bald gesellten sich noch andere Mitglieder des Schoenberg-Clans dazu. Simon beschloß, Herrenschneider zu werden. Darf man Groucho glauben, war er der schlechteste Schneider der westlichen Hemisphäre; er soll sich standhaft geweigert haben, jemals ein Zentimeterband in die Hand zu nehmen und vertraute lieber seinem katastrophalen Augenmaß. Groucho

Der Vater Frenchie Marx

Die Mutter Minna, geborene Schönberg

verbreitete auch das Gerücht, Simons Kunden seien in den Straßen New Yorks sehr leicht an der unterschiedlichen Länge ihrer Hosenbeine zu erkennen gewesen. Ganz so schlimm wird es wohl nicht gewesen sein, doch darf man annehmen, daß Frenchie, wie er von seinen Söhnen seiner französischen Herkunft wegen genannt wurde, nicht gerade eine Leuchte in seinem Beruf war. Hingegen muß er wahre Wunderdinge als Koch vollbracht haben, denn er verstand es, in dem unter chronischem Geldmangel leidenden Haushalt noch aus den kläglichsten Essensresten eine schmackhafte Mahlzeit zu bereiten. Minna, genannt Minnie, war nur allzugern bereit, ihrem Mann die Küche zu überlassen, die Rolle der treusorgenden Hausfrau stand ihr ohnehin nicht; wie wir bald sehen werden, galt ihr Ehrgeiz einem anderen Gebiet.

Ein Jahr nach der Hochzeit kam ihr erstes Kind zur Welt: Manfred. Noch keine drei Jahre alt, stirbt Manfred an der Tuberkulose. Kurz vor seinem Tod hatte Minnie einem zweiten Sohn das Leben geschenkt, dem nun ihre ganze Liebe galt und den sie seinen später geborenen Brüdern gegenüber immer unverhohlen bevorzugte:

Chico

Über sein Geburtsjahr sind sich fast alle Marx-Chronisten einig. Leonard (Chico) erblickte 1887 das Licht der Welt. Für den Geburtstag steht einem eine betörende Auswahl zwischen dem 22. März und dem 21. August zur Verfügung.

Für ein übertrieben genaues Geburtsdatum interessieren sich nur Astrologen, Chico jedoch interessierte sich zeitlebens nur für Rennpferde – auf die er Unsummen setzte –, seine Pokerspiele und alle anderen Spiele, bei denen man die Gage schnell durchbringen konnte. Mit gleicher Leidenschaft war er hinter Mädchen her – sein Leben lang. In vieler Hinsicht war er das Gegenteil seines Bruders Groucho: Chico hielt nichts von ehelicher Treue, während Groucho kaum jemals eine Affäre in seinen insgesamt 47 Ehejahren gehabt

Frenchie Marx

Chico am Strand von Atlantic City

hatte; Chico verschwendete sein Geld schneller als er es verdiente, Groucho, ein hervorragender Kenner der Börse und stets genau über den Aktienmarkt informiert, legte sein Geld meist gewinnbringend an. Die Armut der Kinder- und Jugendjahre saß ihm bis zu seinem Ende tief in den Knochen. Die Angst, im Alter verhungern zu müssen, ließ ihn nie los, selbst dann nicht, als er schon längst mehrfacher Millionär war. Und nur widerstrebend ließ er sich später herbei, Chicos Spielschulden zu begleichen. – Chico, der nie seinen Text gelernt hatte, der noch unpünktlicher zu Proben und Aufnahmen als seine Brüder erschien, der mehr Zeit am Telefon beim Abschluß von Pferdewetten als auf der Bühne oder vor der Kamera verbrachte, der mitten am Drehtag abhaute, um in einer Spelunke die nachts zuvor abgebrochene Pokerrunde fortzusetzen oder mit einer schmucken Statistin in einem Hotelzimmer zu verschwinden – fand bei Groucho wenig Verständnis, im Grunde seines Herzens aber hat er Chico beneidet. Gerne hätte er sein Leben so voll ausgekostet wie sein ältester Bruder. Angst und Ängstlichkeit haben ihn daran gehindert. Und als er in dem berühmten *Playboy*-Interview gefragt wurde, ob ihm sein Reichtum und sein Ruhm Frauen beschert haben, antwortete er bitter: »Nein, es half meinem Bruder Chico – der in *dieser* Hinsicht überhaupt keine Hilfe brauchte. Wenn *ich* aber mit einem Mädchen schlafen wollte, mußte ich es heiraten.«

Harpo

Harpo wurde am 23. November 1888 geboren und hieß zunächst einmal Adolph. Da er in den Filmen stumm war, nannte er seine Autobiographie *Harpo Speaks*. Er hat sie nicht selbst geschrieben und ließ sich in ihr schamlos fünf Jahre jünger machen, als er tatsächlich war. Überhaupt sind die Äußerungen der Brothers und die ihrer schreibenden Nachkommen mit Vorsicht zu genießen, da die Marxens immer mit wahrer Leidenschaft an ihren Legenden strickten und

Groucho (l.) und Harpo mit einem gestohlenen Hund

sich herzlich wenig um Tatsachen und die Wahrheit kümmerten.

Dennoch dürfen wir zwei unprüfbare Äußerungen übernehmen, ohne ihren Wahrheitsgehalt anzuzweifeln. Harpo: »Ich bin der glücklichste autodidaktische Harfenist und sprachlose Schauspieler, der jemals gelebt hat.« Groucho: »Er hat alle guten Eigenschaften meiner Mutter geerbt – Güte, Verständnis und Freundlichkeit. Ich hab' den Rest abbekommen.«

Harpo war – nicht nur auf der Leinwand – der liebenswerteste Marx Brother. Ihm war es als einzigem gelungen, sich keine Feinde zu machen. Weder von der Spielleidenschaft, Verschwendungssucht und Sexomanie Chicos noch von der Geldgier, dem Geiz und Ehrgeiz Grouchos besessen, führte er ein für Marx-Brothers-Verhältnisse ruhiges und zufriedenes Leben. Es ist nicht bekannt, daß er jemals schlechte Laune hatte.

Nur wenn es um »diese gottverdammte Harfe« (Groucho) ging, verstand er keinen Spaß. Dieses Erbstück der jodelnden Großmutter war ihm heilig. Und wenn er auch Drehbuchautoren und Produzenten sonst nie Schwierigkeiten gemacht hat, auf sein Harfensolo hat er hartnäckig bestanden, ob es in die Story paßte oder nicht. Wenn die entsprechende Szene gedreht wurde, hat Groucho regelmäßig das Studio verlassen. Er reagierte auf Harfenklänge so allergisch wie Chaplin auf Hundegebell.

Harpo Marx starb am 28. September 1964 in Los Angeles.

Groucho

Am 2. Oktober 1890 kam Julius Henry zur Welt. Was macht ein Kind, wenn es ahnt oder spürt, daß ihm elterliche Zuwendung, aber keine Liebe zuteil wird? Es nimmt den Kampf auf oder zieht sich in sich selbst zurück. Julius wählte die zweite Möglichkeit – es gegen Mutterliebling Chico und gegen Vaterliebling Harpo aufzunehmen, wäre ohnehin ein aussichts-

Groucho mit 15

loses Unterfangen gewesen. Vielleicht war sein ruhiges Verhalten auch subtile Taktik. Chico und Harpo konnte man keine Sekunde aus den Augen lassen, ohne daß sie etwas Fürchterliches anstellten. Seht her, ich bin brav, wegen mir braucht ihr euch keine grauen Haare wachsen zu lassen. Ob es Taktik war oder stilles Buhlen oder ein Signal oder ein Hilfeschrei, was alles auf dasselbe hinausläuft, es hat nichts genutzt, ist nicht verstanden worden.

In den unzähligen Büchern über die Psyche des Kleinkindes muß irgendwo die These verewigt sein, daß ein Mensch in seinem Leben nur soviel Liebe zu geben vermag, wie er als Kind empfangen hat. Groucho wäre dafür ein Paradebeispiel. Selbst nahe Freunde bestätigten, daß er keine ›loving person‹ war; er war ein Mensch, der keine Liebe schenken konnte – außer seinen Kindern, solange sie Babys oder diesem Alter kaum entwachsen waren.

Bezeichnenderweise lautet ein Kapitel in seiner *Schule des Lächelns*: »Warum nennt man es Liebe, wenn man Erotik meint?« Für ihn bestand da kein Unterschied; Liebe war für ihn eine schwulstige Vokabel, ein beschönigender Begriff für erotische Lust. Ich habe den begründeten Verdacht, daß Groucho ein Frauenhasser war. Ein Leben lang hat er Rache an seiner Mutter genommen. Es ist nur *ein* Indiz, daß seine drei Ehen scheiterten und alle seine Gemahlinnen, noch während sie mit ihm zusammenlebten, Alkoholikerinnen wurden.

Erzogen wurde Groucho, wie seine Brüder, weniger im Elternhaus als auf der Straße. Auf die Frage, wie Minnie mit der Kinderschar zurechtgekommen sei, hat er geantwortet: »Sie hat uns völlig ignoriert. Sie hat uns auf die Straße geschickt und uns spielen lassen, das ist alles. Wenn wir Hunger hatten, gingen wir ins Haus zurück.«

Oft haben die Nachbarn sich mehr um die Jungens gekümmert als die Eltern. Felix Marx zum Beispiel, ein Cousin von Frenchie, der seinen Friseurladen in der Nähe hatte. Wenn die Jungens vorbeischauten, steckte er ihnen immer ein paar

Pennies Taschengeld zu, während seine Frau allzeit ein Taschentuch zur Hand hatte, um ihnen die verrotzten Nasen abzuwischen.

Die Eltern hatten Besseres zu tun, als sich um die Nebensächlichkeiten wie die Erziehung ihrer Kinder zu sorgen. Frenchie war vollauf beschäftigt, seine absonderlichen Anzüge zusammenzuschustern, aus Essensresten neue Gerichte zu komponieren und sich mit den meckernden Schwiegereltern rumzuschlagen, denen es in dem Haushalt nicht streng genug jüdisch zuging. Und die temperamentvolle, ewig optimistische, energiegeladene Minnie hatte eine Aufgabe gefunden, die ihr eine Entschuldigung bot, dem häuslichen Treiben tagsüber vollständig fernzubleiben.

Ihr jüngerer Bruder, der Hosenbügler Adolf Schoenberg, hatte wieder und wieder seinen Job verloren, weil er, ausgestattet mit einer wohlklingenden Baritonstimme, unter den Arbeitskollegen nach Partnern suchte. Er wollte ein Männergesangsquartett gründen – die unentwegte Talentsuche war ihm wichtiger als tadellose Bügelfalten. Seltsamerweise hatten die jeweiligen Chefs, die ihre Angestellten schlecht bezahlten und selbst ums Überleben kämpften, dafür wenig Verständnis. Nachdem Onkel Adolf aus genügend Firmen rausgeflogen war, hatte er in Grouchos Geburtsjahr endlich sein Quartett beisammen. Seine Partner waren Sam Curtis, Arthur Williams und Ed Mack. Er selbst nannte sich Al Shean und das Quartett die *Manhattan Comedy Four*. Minnie war die selbsternannte Managerin der *Comedy Four* und wurde fortan Stammgast bei sämtlichen New Yorker Agenturen, um dem Quartett Engagements zu verschaffen, was sich als nicht allzu schwierig erwies, da das Quartett gut einschlug und bald zu den beliebtesten seiner Art zählte. Gesangsnummern wechselten mit derb-komischen Dialogszenen ab, die Al Sheans Feder entstammten. Am populärsten war der Dialog, der die Klischees »jüdischer Dickkopf trifft irischen Dickkopf« ausschlachtete. Das ständig wiederkehrende »Positively, Mr.

Gallagher? – Absolutely, Mr. Shean!« wurde zum geflügelten Wort und ist noch heute vielen Amerikanern geläufig, obwohl kaum einer seinen Ursprung kennt.

Onkel Al, der Star der Familie, hat später die ersten Komödienszenen für seine Neffen geschrieben. Die Geschichte, er habe dabei leider vergessen, für Harpo ein paar Zeilen abfallen zu lassen und sein Kommentar darauf: »Dann bleibst du halt stumm«, ist mal wieder Brothersfiction reinsten Wassers.

Der Erfolg Al Sheans hat alle Marxens tief beeindruckt – bis auf Klein-Groucho. Der hat schon im Vorschulalter davon geträumt, Arzt zu werden. Ein paar Jahre später war Schriftsteller sein Berufswunsch. Nichts lag dem introvertierten Kind ferner als das Showbusiness. Es muß eine Art Damaskuserlebnis gewesen sein, als Groucho erfuhr, daß Al Shean 200 Dollar pro Woche verdiente. Das war in einer Zeit, da die meisten Familien in Amerika mit 30 Dollar im Monat über die Runden kommen mußten, eine geradezu phantastische Summe. Grouchos Geldgier war geweckt und sollte ein langes Leben lang nicht mehr zur Ruhe kommen.

Aber ehe es soweit war, mußte er seinen Wissensdurst stillen. Im Gegensatz zu seinen Brüdern ging er ausgesprochen gern zur Schule und brachte fast nur beste Noten nach Hause. Was jeder andere Zögling als Wohltat empfunden hätte, für Groucho war es ein Schock – am Ende des siebten Schuljahres nahm ihn die Mutter von der Penne. Sie hatte einen Job bei einem Perückenmacher für ihn gefunden, er sollte endlich seinen Beitrag zum spärlichen Haushaltsgeld liefern. Die Familie brauchte das Geld. Groucho schuftete sich ab und verdiente drei Dollar die Woche.

Keinen College-, nicht einmal einen Schulabschluß zu haben, hinterließ bei Groucho bis zuletzt einen Minderwertigkeitskomplex, den er durch seine Lesewut und die Freundschaft mit zahlreichen Schriftstellern zu kompensieren versuchte. Sosehr er auch im Laufe der Zeit Geschmack am Showbusiness fand, so unentbehrlich ihm Gelächter und Applaus wurden, er hat seinen Beruf immer für einen Job gehalten, der nicht ganz seiner Würde und seinen intellektuellen Fähigkeiten und Ambitionen entsprach. Er gestand auch, daß Applaus ihn weit weniger befriedige, als sich gedruckt zu sehen. In seinen späten Jahren wies er gerne mit Stolz darauf hin, sieben Bücher geschrieben zu haben, obwohl er nie ein Gymnasium besucht habe. Daß die meisten dieser Bücher zwar seinen Namen trugen, aber nicht von ihm geschrieben waren, hatte er wohl erfolgreich verdrängt.

Um uns ein genaueres Bild von Grouchos Schulbildung machen zu können, sehen wir uns mal einen New Yorker Lehrplan für Grundschulen um die Jahrhundertwende an – und wir werden erstaunt feststellen, daß damals den Grundschülern eine Bildung zuteil wurde, die heute jedem Collegestudenten Ehre machen würde: Die meiste Zeit wurde dem Fach Englisch gewidmet, das in die Fächer Literaturgeschichte, Lektüre, Aufsatz, Rechtschreibung und Auswendiglernen aufgesplittert war. Auswendiglernen konzentrierte sich hauptsächlich auf die Werke Shakespeares, Tennysons und Byrons. Ein weiterer Schwerpunkt des Lehrplans war amerikanische und englische Geschichte. Im siebten Schuljahr wurden Algebra, Geometrie und Buchhaltung gelehrt und im Musikunterricht dreistimmiger Gesang und Harmonielehre.

Das hohe Niveau der öffentlichen Schulen stand in diametralem Gegensatz zum Lebensstandard der meisten ihrer Zöglinge. New York war 1890 auf eineinhalb Millionen Einwohner angewachsen, wobei 80 Prozent Einwanderer der ersten oder zweiten Generation waren.

Mit zusammen 50 Prozent bildeten Iren und Deutsche die weitaus stärksten Einwanderergruppen. Wie noch heute, lebten die meisten deutschen Juden in der Lower Eastside. Dort, wie auch in der Upper Eastside, wo die Marx-Family zunächst hauste, war es üblich, eine große teure Wohnung zu mieten, die eigene Familie in ein oder zwei Räumen zusammenzuquetschen und die restlichen Zimmer unterzuvermieten; notfalls mußten sich zwei Familien ein durch ein Leintuch halbiertes Zimmer teilen. Zwar hatten die Marxens immer große Wohnungen, doch hörten die meisten Mitbewohner auf den Namen Schoenberg und zahlten keine Miete. Man darf annehmen, daß Al Shean ein paar Prozente seiner Gagen der rührigen Minnie für ihre Managertätigkeit überließ und den Clan somit über Wasser hielt.

Als Groucho zur Welt kam, bewohnte die Familie ein bescheidenes Ziegelhäuschen mitten in Yorkville: 239 East 114th Street, nachdem sie zuvor jeweils kurze Zeit in einer Wohnung auf East 122nd beziehungsweise East 135th Street gelebt hatte; ein rascher, gutorganisierter nächtlicher Umzug war allemal billiger als einige Monate rückständige Miete bezahlen.

Noch zwei Jahrzehnte vor Grouchos Geburt war Yorkville unverdorbene Natur und mit seinen Wiesen, Tälern und Felsklippen ein Paradies für Jäger. Erst im Laufe der 70er Jahre des vorigen Jahrhunderts wurden in dieser Gegend die ersten schäbigen Holzhütten errichtet, um die Ärmsten der Armen zu beherbergen. Bald wurden die ersten Krämerläden aufgemacht, und es dauerte nicht mehr lange, ehe man die Hütten durch dürftige Ziegelsteinhäuser ersetzte, die später Mietskasernen weichen mußten. Während Grouchos Kindheit büßte Yorkville nach und nach seinen ländlichen Charakter ein und wandelte sich von einer Vorstadt zu einem Stadtteil, wenn auch keinem sehr eleganten. Jedenfalls gab es mehr Straßenhändler als schmucke Geschäfte.

1895 zog die Familie in eine Vierzimmerwohnung in 179 East 93rd Street, ebenfalls in Yorkville. In dieser Wohnung blieben sie die nächsten 15 Jahre. Lafe und Fanny (»Opie« und »Omie«) bewohnten ein Zimmer, Frenchie und Minnie ein zweites, während die Kinder sich das kleinste Zimmer teilten und alle in einem Doppelbett schlafen mußten. Immer wieder, manchmal jahrelang, hausten noch andere Mitglieder des Clans in der Wohnung. Der einzige Ofen stand im Wohnzimmer und führte alljährlich einen vergeblichen Kampf gegen die bitterkalten New Yorker Winter.

Wer auch immer mit dem harten Kern der Marxens die Wohnung in der 93rd Street teilte, zu beneiden waren die Untermieter genausowenig wie die übrigen Bewohner des Hauses. Minnie hatte irgendwo ein Klavier aufgetrieben, um Chico zum Pianisten ausbilden zu lassen, und während er widerwillig übte, zupfte Harpo mit wachsender Begeisterung die Harfe, und Groucho trainierte seinen glockenhellen Sopran, um Mitglied eines evangelischen Kirchenchors zu werden. Aus diesem flog er raus, als der Herr Pastor zu seinem Entsetzen feststellen mußte, daß der Chorknabe Julius Jude war. – Jahrzehnte später, als Groucho sich um die Mitgliedschaft in einem Schwimmbadclub in Hollywood bewarb und abgelehnt wurde, da die Statuten jüdische Mitglieder nicht zuließen, parierte er mit folgendem Brief: »Meine Kinder sind nur Halbjuden; dürften sie sich vielleicht bis zum Bauchnabel im Kinderbecken bewegen?«

Gummo und *Zeppo*

Für seine beiden jüngeren Brüder Milton (Gummo), geboren 1897, und Herbert (Zeppo), geboren 1901, hatte Groucho genausowenig übrig wie für Chico. Nur mit Harpo verband ihn eine lebenslange und herzliche Freundschaft. Chico nannte er verächtlich einen krankhaften Spieler (was der Wahrheit entsprach) und, wohl eher neidisch, einen verderbten Don Juan. Gummo charakterisierte er als ewigen Hypochonder, und Zeppo bezichtigte er, Eiswasser in den Adern zu haben. Mögen die abschätzigen Urteile über Gummo und Zeppo auch berechtigt gewesen sein, kann man es den beiden kaum verdenken, daß sie nicht immer gut auf ihre älteren Brüder zu sprechen waren – die sie stets spüren ließen, daß es auch ohne sie ging. Gummo hat ihnen das nicht so übel genommen wie Zeppo, er kehrte bei der erstbesten Gelegenheit dem verhaßten Showbusiness den Rücken. Die Gelegenheit hieß Erster Weltkrieg. Gummo trat in die Armee ein, später hatte er einen führenden Posten in der Damenbekleidungsindustrie und arbeitete dann in Zeppos Schauspieleragentur mit. Freimütig bekannte er, nie ein guter Schauspieler gewesen zu sein, zumal er gelegentlich stotterte. Das Rampenlicht hat er gerne und fast gleichgültig den Brüdern überlassen.

Nachdem er ausgestiegen war, mußte Zeppo ran – als Stichwortlieferant. Freunde und Bekannte Zeppos rühmten seine Intelligenz, seinen Charme und Humor; ob er das Zeug zu einem guten Schauspieler hatte, muß dahingestellt bleiben. Die mageren Rollen, die ihm in fünf von insgesamt dreizehn Marx-Brothers-Filmen zugedacht waren, gaben ihm jedenfalls keine Gelegenheit, seine Fähigkeiten zu entfalten, falls er über solche verfügte. Als *Animal Crackers* geprobt wurde, fragte der Produzent Zeppo, ob er seiner Rolle nicht ein wenig mehr Farbe verleihen könne? Und Zeppo antwortete: »Wie viele Möglichkeiten gibt es ›Ja‹ zu sagen?« – Möglicherweise hatte er mehr Talent zum Komiker, als es die Filme vermuten lassen. Während eines Gastspiels in Chicago wurde Groucho plötzlich krank und konnte nicht auftreten. Selbstverständlich durfte keine Vorstellung ausfallen. Die Lösung war schnell gefunden: Ein Double übernahm Zeppos belanglosen Part, und Zeppo sprang für Groucho ein. Zeppos Groucho-Imitation war so perfekt, daß niemand die Umbesetzung merkte.

Gelegentlich hat er an den Drehbüchern mitgearbeitet. Die brauchbaren Gags haben die drei ältesten Brüder sofort für sich vereinnahmt. Die Gagen auch. Zeppo erhielt immer nur ein besseres Trinkgeld. Der ständigen Zurückstellung überdrüssig, verließ er schließlich das Team, der vierte Marx Brother und das fünfte Rad am Wagen verdingte sich als Ingenieur bei der Rüstungsindustrie, ehe er seine Agentur eröffnete.

Vaudeville

Mozart überschrieb das Finale der »Entführung aus dem Serail« *Vaudeville*. Damit wollte er den possenhaften Charakter seines Singspiels unterstreichen. Vaudevire hießen im 15. Jahrhundert die Spottlieder aus der normannischen Landschaft Vaux de Vire. Im 17. Jahrhundert war aus Vaudevire volksethymologisch Vaudeville geworden, die Bezeichnung für satirische oder galante Lieder. Im 18. Jahrhundert verstand man unter Vaudeville die Couplets, mit denen die volkstümlichen Possen aufgelockert wurden, dann die Possen selbst, halbmusikalische Komödien, Vorläufer der Opéra comique.

Im Amerika des späten 19. Jahrhunderts erfuhr das Wort Vaudeville einen neuen Bedeutungswandel. Vaudevilles waren Varietéshows mit Tanz-, Dressur-, Artisten- und Humoristenakten, die auf ein kleinbürgerliches und mittelständisches Publikum zugeschnitten waren und sich von der bereits populären »Burlesque« abzusetzen suchten. Das Burlesquetheater wandte sich mit seinem anrüchigen Humor an ein männliches Publikum der unteren Klassen, während das Vaudeville »good clean fun for the whole family« versprach. Sucht man nach einem deutschen Äquivalent des amerikanischen Vaudeville, lassen sie sich am ehesten mit den Münchener Volkssängertheatern vergleichen.

Um die Jahrhundertwende waren die Vaudevilletheater derart populär und zahlreich geworden, daß die Herren Direktoren ihre liebe Not hatten, genügend Bühnenkünstler aufzutreiben. Wer auch nur halbwegs singen, tanzen oder zaubern, wer auch nur mit den blödesten Witzen ein Publikum zum Lachen bringen konnte, durfte sich Hoffnung auf ein Engagement machen. – Das fragwürdige Niveau des Vaudeville darf nicht darüber hinwegtäuschen, daß es der Nährboden für die große Ära der amerikanischen Filmkomödien war. Eine Ära, die um 1910 begann, in den 20er Jahren ihren Höhepunkt erlebte und sogar noch nach der Erfindung des Tonfilms bis in die späten 30er lebendig blieb. Fast alle bedeutenden Filmkomiker hatten ihr Handwerk im Vaudeville erlernt: Charles Chaplin, W. C. Fields, Stan Laurel, Buster Keaton, Jack Benny, die Marx Brothers, um nur einige zu nennen, ein paar der verschwindend wenigen, die den Sprung nach Hollywood geschafft haben. Und noch weniger haben die Erfindung des Tonfilms überstanden.

Seines anstrengenden, schlechtbezahlten Jobs bei dem Perückenmacher überdrüssig und Al Sheans phantastische Gagen im Auge, begann Groucho die New Yorker Agenturen abzuklappern, in der Hoffnung, eine kleine Rolle in irgendeinem Vaudeville-Ensemble zu finden. Die Manager dieser Agenturen waren kaum zu beneiden; täglich wurden sie von Dutzenden erwartungsfreudigen »Nachwuchstalenten« heimgesucht, die über ebensowenig Ausbildung und Erfahrung verfügten wie Jung-Groucho. Alles, was dieser vorzuweisen hatte, war die kurze Mitgliedschaft bei einem evangelischen Kirchenchor und seine Verwandtschaft zu Al Shean. Doch durfte jeder Amateur mit einem Minimum an Talent auf ein Engagement hoffen, da die meisten Vaudeville-Direktoren ohnehin nur winzige Gagen zahlen konnten oder zu zahlen bereit waren.

Das Klinkenputzen bei den Agenturen brachte nichts, weswegen Groucho zusätzlich die Kleinanzeigen in den Zeitungen studierte. Im Sommer 1905 wurde er fündig: *Knabensänger für Vaudeville-Tournee gesucht. Bewerber mögen sich bei Leroy, 816 3rd Ave. zwischen 14 und 16 Uhr vorstellen. 4 Dollar pro Woche.*

»Als ich diese Annonce sah«, schrieb Groucho später, »rannte ich den ganzen Weg von unserem Haus auf der 93. Straße zur 33. Straße... Dann jagte ich die fünf Treppen hoch und klopfte. Ein Mann öffnete. Er trug einen Kimono und hatte Lippenstift aufgelegt. War das der Beruf, den ich ergreifen wollte?«

Groucho sang vor und wurde genommen. Wenig später machte sich die Truppe auf den Weg nach Grand Rapids, Michigan. Von dort ging es weiter nach Cripple Creek, Colorado, wo Gene Leroy auf ein neues Engagement hoffte. Groucho hatte bereits acht Dollar zusammengespart, die er in einem körpernahen Beutelchen mit sich trug. Als er im billigsten Zimmer des billigsten Hotels von Cripple Creek aufwachte, waren Leroy und seine acht Dollar verschwunden. Gottlob suchte der örtliche Gemüsehändler gerade einen Auslieferer und stellte Groucho ein. Natürlich verdiente Groucho nicht genug, um jemals eine Fahrkarte nach New York finanzieren zu können. Aber für eine Briefmarke reichte es; in einem Brief an die Eltern schilderte er seine verzweifelte Lage, und Minnie überwies ihm das Geld für die Rückreise.

Der katastrophale Mißerfolg des Vaudeville-Grünschnabels mag Groucho entmutigt haben, aber die göttliche Minnie war voller Tatendrang und wild entschlossen, die Agentin ihrer Söhne zu werden. Schließlich hatte sie ihrem Bruder Al Shean zur Unsterblichkeit verholfen, und es sprach nichts dagegen, ihre Söhne die nämliche Laufbahn einschlagen zu lassen.

Ob Minnie auf den bizarren Gedanken verfallen war, ihren Bruder Henry und den achtjährigen Milton während Grouchos verunglückter Tournee als Team in einer Vaudeville-Klitsche auftreten zu lassen, muß dahingestellt bleiben. Henry jedenfalls war von dem Gedanken besessen, seinem Bruder Al Shean nachzueifern und eine Größe im Showbusiness zu werden. Er schrieb einen Sketch, in dem er einen Puppenspieler darstellte und Milton eine sprechende Marionette. Der Sketch existiert nicht mehr, aber selbst wenn es sich um ein Feuerwerk witziger Einfälle gehandelt haben sollte, die beiden Darsteller hatten mit ernsthaften Schwierigkeiten zu kämpfen: Onkel Henry war stocktaub und Milton stotterte. Während Milton noch versuchte, seine Zeilen über die Bühne zu bringen, überraschte Henry das Publikum mit verfrühten Pointen, die kein Mensch verstand. Die Direktion war nicht allzu begeistert und setzte das eigentümliche Duo kurzerhand auf die Straße. Aber Minnie konnte mit Fug und Recht behaupten, daß bereits zwei ihrer Söhne Bühnenluft geschnuppert hatten. Sie nahm Grouchos Karriere entschlossen in die Hand.

Wie es der Zufall wollte, machte sie im Büro eines Agenten die Bekanntschaft der englischen Schauspielerin Lily Seville, die sich gerade zu einer Texas-Tournee rüstete, um die Hauptrolle in einer Operettenversion von Frank Stocktons berühmter Erzählung »Die Dame und der Tiger« zu spielen. Sie engagierte Groucho auf der Stelle, und die Plakate und Programmzettel kündigten die beiden als »Lady Seville und Master Marx« an.

»Sie war eine beschissene Sängerin«, erinnerte sich Groucho im Alter, »aber wen kümmerte das schon?« Am wenigsten Master Marx, der sich Hals über Kopf in die Lady verliebte, die wiederum ein Auge auf den Löwenbändiger des Ensembles geworfen hatte. Die Tournee endete in Waco, Texas, wo Lily nach der letzten Vorstellung Groucho eine Fahrkarte nach New York in die Hand drückte und mit dem Löwenbändiger durchbrannte. Diesmal hatte Groucho 65 Dollar zusammengespart und in seinem Brustbeutelchen aufbewahrt. Er konnte den dicken Packen Scheine gut fühlen. Im Zug beschloß er, das Geld noch einmal nachzuzählen. Er öffnete den Beutel und zog ein paar zusammengefaltete Zeitungsseiten hervor. Lily Seville hatte ihn bestohlen.

Pech und Mißgeschick am Anfang einer Karriere nennt man gemeinhin »sich seine Sporen verdienen«. Groucho hatte sich seine Sporen verdient. Und Minnie fand es an der Zeit, ihren 15jährigen Sohn einem seriösen Ensemble zu empfehlen. Erfolgreich überredete sie Gus Edwards, Groucho für seine neue Show, die *Postal Telegraph Boys*, zu engagieren. Gus Edwards war der Irving Berlin der Jahrhundertwende. Ehe er sich als Vaudeville-Produzent betätigte, hatte er bereits 500 Schlager komponiert, die zum Teil immens populär waren. Er genoß den Ruf, eine hervorragende Spürnase für junge, unbekannte Talente zu haben. Zahllose Schauspieler und Sänger beiderlei Geschlechts, die es später zu Ruhm und Ehre brachten, hatten bei Edwards angefangen. Auch Groucho erhielt hier seine erste ernstzunehmende, wenn auch bescheidene Chance, er durfte ein Couplet solo singen und wurde in der Kritik der *Variety*, der renommiertesten Zeitschrift des Showbusiness lobend erwähnt.

Das war zwar noch lange kein Durchbruch, doch fand Groucho immerhin, nachdem die *Telegraph Boys* zum letzten Mal aufgetreten waren, sofort ein neues Engagement. Diesmal wirkte er in einem Melodram des Titels *The Man of Her Choice* mit und spielte einen flachsenden Laufburschen. Seine Witzeleien und sein Solocouplet kamen beim Publikum und der Kritik gut an. *The Man of Her Choice* war eines jener typischen Tugend-triumphiert-über-Laster-Stücke, doch zugkräftig genug, eine über vier Monate währende Tournee durch den Nordosten der USA und den Südosten Kanadas schadlos zu überstehen – schadlos zumindest, was die Produktion anbetraf, nicht aber den jungen Komiker.

Er war gerade 16 geworden, als ihn eines Abends nach der Vorstellung in Montreal eine Prostituierte ansprach. Sie suchten den Keller des Theaters auf, Groucho hatte sein erstes sexuelles Erlebnis – und einen Tripper. Noch im hohen Alter war Groucho überzeugt, Rudimente seiner ersten und vermutlich letzten Geschlechtskrankheit wüteten noch immer irgendwo in seinem Körper. (Und Gummo beschuldigte er, ein wehleidiger Hypochonder zu sein!) Seit diesem Erlebnis in Montreal waren Frauen und Sex für ihn etwas Verderbtes, Schmutziges. Das und der tiefsitzende Haß gegen seine Mutter formten sein Frauenbild.

Ein Leben lang übte er Rache. Während der Abendessen, die Groucho zuweilen täglich in seinem Haus in Beverly Hills gab, lieferte die jeweilige Ehefrau stets unfreiwillig die Stichworte – egal, was sie sagte oder tat, Groucho riß Witze auf ihre Kosten und erntete dafür brüllendes Gelächter der Gäste. Bezeichnend für Grouchos Wahl seiner Ehefrauen war, daß keine einzige es schaffte, ihm Paroli zu bieten, was Grouchos Vorurteil, Frauen seien Männern intellektuell unterlegen, nur noch bestätigte. Zudem wurde er den Verdacht nie los, daß Frauen etwas von ihm wollten. Die Mutter hatte ihn gegen seinen Willen von der Schule genommen, weil sie seinen Arbeitslohn brauchte, später nutzte sie – in seiner Sicht – seine Erfolge aus, um sich als Agentin einen Namen zu machen; die Ehefrauen waren natürlich nur hinter seinem Geld her, ein Argwohn, der sich dreimal zu bestätigen schien, als er in seinen Scheidungsprozessen immer beachtliche Anteile seines Vermögens an die Verflossene abzuführen gezwungen wurde. Der jeweiligen Frau konnte das freilich nur recht sein, Entschädigung für jahrelang ertragene Demütigungen und Quälereien eines fast krankhaften Geizhalses, der nie auf den Gedanken verfiel, mal einen Blumenstrauß oder eine Schachtel Pralinen oder gar ein Kleid nach Hause zu bringen.

Stotterer stottern nicht, wenn sie singen, und Gummo hatte eine ebenso schöne Stimme wie Groucho. Ein paar preiswerte Kostüme wurden gekauft, eine junge Maid namens Mabel O'Donnel wurde angeworben, und Minnie hatte ihre *Drei Nachtigallen* fertig, die nun in diversen Vaudeville-Shows das Publikum mit ihrer 13-Minuten-Gesangsnummer unterhielten. Meist sangen sie vor geschlossenem Vorhang, während die Bühne für die nächste Attraktion umgebaut wurde. Die allgegenwärtige *Variety* folgte dem Trio in und außerhalb New Yorks und bedachte es mit wohlwollenden Rezensionen. Zum Beispiel: »Die drei Kinder haben großartige Stimmen, die schön harmonisieren. Die Nummer ist ein großer

Hit. Die weißen Kostüme, die sie schon bei der Premiere trugen, sollten mal in die Reinigung gegeben werden.«

Am 1. Juni 1908 sollte das Trio bei *Henderson's Coney Island* auftreten. In letzter Sekunde erfuhr Minnie, daß das Trio auf den Programmzetteln als Quartett angekündigt wurde. Ihr Protest half nichts, der Veranstalter hatte etwas gegen Trios, entweder trete ein Quartett auf oder die Nummer werde gestrichen. Völlig aufgelöst hetzte Minnie zur 34. Straße, wo Harpo als Pianist in einem Flohkino arbeitete. Mitten in der Vorstellung zerrte sie ihn vom Klavier und erklärte ihm auf dem Rückweg, was er zu tun habe. Vergeblich sträubte sich Harpo, er habe noch nie öffentlich gesungen, nicht einmal auf einer Bühne gestanden. Egal, innerhalb weniger Minuten waren aus den drei Nachtigallen vier geworden. Als Harpo auf der Bühne stehend des Publikums ansichtig wurde, pinkelte er vor Aufregung in die Hosen. Der Kritiker von *Variety* hat es entweder nicht bemerkt oder großzügig übersehen.

War es Harpo auch bestimmt, ein weltberühmter Komiker zu werden, ließen die Anfänge seiner Bühnenlaufbahn das nicht vermuten. Sein Gesang war grauenhaft. Minnie mochte es nicht wahrhaben, da sie es sich in den Kopf gesetzt hatte, aus ihren Söhnen Gesangskünstler und ernsthafte Schauspieler zu machen. Als sie später als Komiker Furore machten, war sie enttäuscht.

Harpos kläglicher Beitrag zum Gesang der *Nachtigallen* war nicht dafür verantwortlich, daß diese bald keine Engagements mehr fanden. Der Charme der *Nachtigallen* bestand darin, daß es sich um Kinder handelte. Allmählich konnten aber auch kurze Höschen und weiße Söckchen nicht mehr darüber hinwegtäuschen, daß die Brothers zu gestandenen Männern herangewachsen waren. Minnie traf eine schwerwiegende Entscheidung – Frenchie und die Kinder hatten nichts zu sagen –, die Familie zog nach Chicago. Neben New York war Chicago die unbestrittene Hochburg des Vaudeville, hatte aber den Vorteil, zentraler zu liegen, weswegen Tourneen in andere Regionen der USA weniger Zeit und Geld kosteten, was den Künstlern, die Spesen wie Zugfahrkarten selbst zu tragen hatten, zugute kam.

Als die Marxens 1910 in den Mittleren Westen zogen, war Chicago nicht nur die literarische Hauptstadt Nordamerikas, was Grouchos Neigungen entgegenkam, sondern auch Mittelpunkt der Unterhaltungsindustrie, 20 Prozent der Weltfilmproduktion wurde damals in Chicago hergestellt. Gleichwohl dauerte es noch ein Jahrzehnt, ehe der Film dem Vaudeville ernsthafte Konkurrenz machte. Und Minnie dachte nicht im Traum daran, ihre zu Höherem berufenen Söhne einem derart vulgären Medium zu überantworten.

Die erste Adresse in Chicago lautete: 4649 Calumet Avenue. Sieben Personen bezogen das Häuschen: Minnie, Frenchie, Harpo, Groucho, Gummo, Zeppo und Opie – Omie (Fannie) war 1898 gestorben, und Chico tingelte irgendwo an der Ostküste als Bar- und Bordellpianist. Wie zu erwarten, zogen unzählige Verwandte nach – allzusehr hatten sie sich an mietfreies Wohnen und Frenchies superbe Kochkünste gewöhnt. Bald wurde es zu eng, und man zog mal wieder um, diesmal jedoch in ein eigenes Haus. Die 1000 Dollar Anzahlung für den dreistöckigen Ziegelsteinbau 4512 Grand Boulevard streckte Al Shean seiner Schwester Minnie vor.

Welche Vorteile Chicago auch immer bieten mochte – die Agentin Minnie Marx und ihre Boys kannte dort keiner. Man mußte noch einmal von vorne anfangen. Mit den *Vier Nachtigallen* hatte man sich in New York verabschiedet, also führte man sich mit den *Sechs Maskottchen* in Chicago ein. Was genau die *Maskottchen* dem Publikum darboten, ist nicht mehr festzustellen. Wir wissen nur, daß es sich um eine Gesangstanznummer gehandelt hat, für die neben zwei jugendlichen Sopranistinnen ein Baß namens Freddie Hutchins angeheuert worden war, um Harpo, Groucho und Gummo zu unterstützen. Vier Monate lang traten die *Mas-*

kottchen ununterbrochen auf, dann kündigten die beiden Sopranistinnen. In Ermangelung neuer Nachwuchstalente sprang Minnie selbst ein, assistiert von ihrer Schwester Hannah. Beide Damen gingen stramm auf die Fünfzig und stellten kleine Schulmädchen dar! Das war selbst dem nachsichtigen Vaudeville-Publikum zuviel. Die *Sechs Maskottchen* hatten ausgedient, und Minnie mußte sich was Neues einfallen lassen.

»Keine Experimente!« mag ihre neue Devise gelautet haben. Die monatlichen Zahlungen für das Haus mußten geleistet, die Söhne und die Schnorrerverwandtschaft wollten durchgefüttert werden. Sie mußte auf Nummer Sicher gehen, und da gab es eigentlich nur eins: eine Klassenzimmerszene. Der bereits erwähnte Gus Edwards hatte einen Schulsketch geschrieben und zur Aufführung gebracht, der so erfolgreich war, daß wahre Hundertschaften von Vaudeville-Komikern mit Variationen und Plagiaten dieser Nummer ihr Publikum zu Heiterkeitsausbrüchen hinreißen konnten. Minnie schraubte ihre Ziele runter und ließ ihre Söhne ins komische Fach wechseln.

Groucho gewöhnte sich einen deutschen Akzent an und spielte den Lehrer Mr. Green, Harpo bekam eine rote Perücke übergestülpt und wurde Patsy Brannigan, der obligatorische Bauernlümmel, während Gummo die Rolle des ebenso ogligatorischen Judenjungen übernahm. Der Sketch hieß *Fun in Hi Skule* (High School) und ist, eine Rarität, zum Teil überliefert:

GROUCHO: Warum kommst du zu spät?

HARPO: Meine Mutter hat den Ofendeckel verlegt, und ich mußte obenauf sitzen, um den Rauch drinzuhalten.

GROUCHO: Wenn du 10 Äpfel hast und sie unter 6 Personen aufteilen möchtest, was würdest du machen?

HARPO: Apfelmus.

GROUCHO: Welche Form hat die Welt?

HARPO: Weiß ich nicht.

GROUCHO: Nun, welche Form haben meine Manschettenknöpfe?
HARPO: Viereckig.
GROUCHO: Nicht meine Alltagsmanschettenknöpfe, die, die ich sonntags trage.
HARPO: Oh. Rund.
GROUCHO: Also, welche Form hat die Welt?
HARPO: Alltags viereckig, sonntags rund.
GROUCHO: Woraus besteht eine Katze?
GUMMO: Augen, Ohren, Hals, Schwanz, Füße etc., etc.
GROUCHO: Das Wichtigste hast du vergessen. Was hat eine Katze, das du nicht hast?
GUMMO: Junge.

Der Schulsketch war ein durchschlagender Erfolg. Zum ersten Mal waren die Marx Brothers die Marx Brothers. Kein Geringerer als W. C. Fields, der sich damals als Jongleur im Vaudeville durchschlug, schrieb später in seiner Autobiographie: »Sie sangen, tanzten, spielten Harfe und vollführten ihre Hanswurstiaden, sie machten Schlagzeilen im Vaudeville. Habe nie zuvor in meinem Leben derart brüllendes Gelächter erlebt. War die einzige Nummer, nach der ich nie auftreten konnte. In Colombus, Ohio, sagte ich dem Manager, ich hätte mir das Handgelenk gebrochen und kündigte.«

Minnie, obzwar alles andere als entzückt vom Erfolg ihrer Boys, stellte schnell, wohl mit Hilfe Al Sheans, einen zweiten Akt auf die Beine, der *Visiting the Old School Ten Years Later* hieß – eine Party, die die ehemaligen Schüler der High School ihrem Lehrer geben. Der alternde Lehrer hatte sich nun einen Schnurrbart aus Kreppapier auf die Oberlippe geklebt und seinen deutschen Akzent abgelegt. Der heraufdämmernde Erste Weltkrieg schürte eine deutschfeindliche Stimmung im Lande. In diesem Akt konnten die Brothers wieder voll ihre musikalischen Talente entfalten.

Die neue Komödie wurde abermals umgemodelt und hieß

nun *Home Again*. Der zweite Akt blieb wie er war, nur der Klassenzimmersketch wurde durch eine Szene im New Yorker Hafen ersetzt. Groucho erscheint auf der Gangway der »Britannic«, verabschiedet sich von seinen Mitreisenden und hält seinen Eröffnungsmonolog: »Nun, Freunde, wenn ich das nächste Mal den Ozean überquere, nehm' ich einen Zug. Ich bin gottsfroh, mich auf terra firma zu befinden. Ich weiß jetzt wenigstens, daß ich meine Mahlzeiten nicht ein zweites Mal sehen werde...«

Harpo, inzwischen zu ewiger Stummheit verdammt, scharwenzelt durch die Menge und stiehlt den Damen die Dessous unter den Röcken hervor, während sich ein Reisender von Groucho mit den Worten verabschiedet: »Ich würde gerne Ihrer Frau auf Wiedersehen sagen.« Worauf Groucho sagt: »Sie sind nicht der einzige.« Ein Polizist betritt die Szene und erklärt, daß schiffseigenes Besteck verschwunden sei. Er verdächtigt Harpo, läßt sich aber schnell von dessen Unschuld überzeugen und schüttelt ihm versöhnlich die rechte Hand, worauf ein Dutzend Messer aus Harpos linkem Ärmel fällt. – Harpo fand bald heraus, daß das Gelächter des Publikums proportional zur Anzahl der Messer stieg, weswegen schließlich eine wahre Besteckkaskade, gefolgt von einem Kaffeetopf aus dem Ärmel rasselte. – Groucho lädt alle Anwesenden zu seiner Party ein.

Während der ersten Szene des zweiten Akts tritt Gummo auf, der Mr. Greens Sohn spielt, und teilt seinem Vater mit: »Der Müllmann ist hier.« Groucho erwidert: »Sag ihm, wir brauchen nichts.« Harpo und Chico (der sich nach fünf Jahren der Familie wieder angeschlossen hatte) tauchen bei der Party auf, klettern über Sofas, setzen sich auf den Schoß so mancher entsetzten Lady, saufen das Aquarium aus und verschlucken den Goldfisch, jagen junge Mädchen um die Wohnzimmereinrichtung, bis es Groucho zu dumm wird und er sich kurzerhand den Schürzenjägern anschließt. Die Vorführung endet im allgemeinen Slapstickchaos.

Etwa zu dieser Zeit legten sich die Brothers neue Vornamen zu. Oder besser, sie wurden ihnen zugelegt – von dem Alleinunterhalter Art Fisher in einer langen Pokernacht mit den Brothers (alle, außer Herbert-Zeppo). Mr. Fisher hatte mit seiner Feststellung, daß die Vornamen der Brothers schwer zu unterscheiden und zu farblos seien, zweifellos recht. Also mußten ein paar Namen her, die leichter zu behalten waren und gleichzeitig jeden einzelnen Brother charakterisierten. Adolph, zum Beispiel, er spielte die Harfe, nennen wir ihn also Harpo. Akzeptiert. Nun wurde es schon schwieriger. Was zeichnete Leonard aus? Schön, er spielte Klavier, aber deswegen konnte man ihn schlecht Piano nennen. Doch natürlich – er war pausenlos hinter jüngeren Mädchen (chicks) her, also heißt er fortan Chicko. (Bei der ersten öffentlichen Ankündigung der Marx Brothers unter ihren neuen Namen wurde aus Chicko durch einen Druckfehler Chico; er hat es dabei belassen.) Und diesen intellektuellen Miesepeter, diesen launischen Nörgler Julius kennzeichnet man wohl am besten mit Groucho. Nun fing ein großes Rätselraten an. Wie könnte man Milton nennen? Er trug vorzugsweise Gummischuhe – also wurde er Gummo getauft.

Das Leben eines Vaudeville-Künstlers war anstrengend und entbehrungsreich und oft genug mit finanziellen Risiken verbunden, da man auf Tournee nie sicher sein durfte, daß der Direktor des jeweiligen Theaters den gerade eingeübten Sketch, die Dressur-, Gesangs- oder Akrobatennummer haben wollte. Und wenn, mußten sich die Künstler oft die schlimmsten Demütigungen dieser tyrannischen und ebenso geizigen wie geldgierigen Direktoren gefallen lassen, die etwa in einer dunklen, kaum wahrnehmbaren Ecke ihres Theaters einen Zettel mit »Hausregeln« aufgehängt hatten, deren Übertretung – zum Beispiel Rauchen hinter der Bühne – mit Geldstrafen belegte, die dann von der Gage abgezogen wurden. Innerhalb der Truppe herrschte eine gnadenlose Hackordnung, wobei die Dressurakte an unterster Stelle rangierten. Nicht selten mußten die Vaudeville-Künstler drei- bis fünfmal pro Tag/Abend/Nacht auftreten, ohne deswegen zusätzlich honoriert zu werden, da ihre Gagen auf wöchentlicher Basis vereinbart worden waren, unabhängig von der Anzahl der Vorstellungen. Manchmal senkte sich der Vorhang erst nach Mitternacht über die letzte Nummer der Programmfolge. War die Truppe dann für den nächsten Tag in einer 100 Meilen entfernten Kleinstadt gebucht, war an Schlaf nicht zu denken. Man schminkte sich in aller Eile ab, warf seine Habseligkeiten in den Koffer und schlug sich den Rest der Nacht auf einem zugigen Bahnhof um die Ohren, auf den stets unpünktlichen Zug wartend. Mit Umsteigen in einem anderen Kaff, wo der Anschlußzug natürlich auch Verspätung hatte, konnte eine Hundertmeilenfahrt gut und gerne acht Stunden dauern.

Am Zielort angekommen, ging die Suche nach dem billigsten Hotel los – war dieses belegt, konnte man sehen, wo man blieb. Die feineren Etablissements weigerten sich, selbst wenn sie völlig unterbelegt waren, Schausteller zu beherbergen, da diese in der damaligen sozialen Skala etwa den Rang einnahmen wie heute Penner und Stadtstreicher. Sie hatten den Ruf, Diebe, Zechpreller und Schürzenjäger bar jeglicher Moral zu sein. – Was den letzten Punkt betrifft, so dürfte Chico zu dem üblen Ruf sein Schärflein beigetragen haben.

Man ließ sich unterhalten, lachte Tränen über sie, akzeptierte gerne die Abwechslung im trüben Rinderzucht- und Getreidealltag, doch ansonsten wollte man mit diesem Gesindel nichts zu tun haben. Selbst in die schäbigsten Restaurants wurden die Vaudeville-Künstler nicht eingelassen, weswegen diesen oft nichts anderes übrigblieb, als im örtlichen Puff Quartier zu nehmen und zu essen, was dann wieder das Vorurteil bestätigte, die Schausteller seien der muntere Abschaum der ansonsten christlich gefestigten Gesellschaft.

Die Brothers waren bei der jeweiligen Madame und den Prostituierten sehr beliebt, da sie erst einmal für Unterhaltung sorgten; Chico und Harpo spielten Klavier, und Groucho sang Couplets. Doch Bordelle wurden nur im Notfall aufgesucht, da es Chico gewöhnlich geringe Mühe kostete, ein Mädchen für die Nacht aufzutreiben. Hatte er es gebumst, reichte er es seinen Brüdern weiter – wie einen Gegenstand, für den man keine Verwendung mehr hat.

Auch das mag Grouchos Frauenbild mitgeprägt haben, falls es da noch irgend etwas zu prägen gab. Einmal wurde eine Vaudeville-Kollegin schwanger. Von wem? Von den Marx Brothers. Sie nahmen die »Schande« gemeinsam auf sich und beglichen gemeinsam die Kosten für die Abtreibung. Ganz anders als die Männer in einem Lieblingswitz von Groucho, den zu erzählen er nicht müde wurde: »O'Flaherty und Ryan teilen sich ein Büro. Sie teilen sich auch eine Sekretärin – im Büro wie im Bett. Sie wird schwanger. Ryan fordert O'Flaherty auf, ins Krankenhaus zu gehen, sich nach ihrem Wohlbefinden zu erkundigen und die Rechnung zu begleichen. O'Flaherty kommt ins Büro zurück und sagt: ›Sie hat Zwillinge zur Welt gebracht – meiner ist gestorben.‹«

Nach einer fünfmonatigen Tournee buchte das *Palace Theatre* in New York die Brothers und ihre Erfolgskomödie *Home Again*. Das *Palace* war für Vaudeville-Künstler etwa das, was die Met für Opernsänger war und ist. Im *Palace* aufzutreten konnte den endgültigen Durchbruch oder Untergang bedeuten, da sein Publikum das anspruchsvollste und kritischste im gesamten Vaudeville war. Durch die exorbitanten Eintrittspreise – 50 Cents für eine Nachmittags-, 1 Dollar für eine Abendvorstellung – in leicht gereizte Stimmung versetzt, pfiff und brüllte es alles nieder, was ihm nicht gefiel. Ein Engagement im *Palace* zu akzeptieren, hieß, alles auf eine Karte setzen. Selbst bereits anerkannte Künstler lehnten *Palace*-Angebote ab, *diesem* Test wollten sie sich nicht stellen. Es war reine Nervensache. Der Erfolg der Tournee hatte den Brothers genug Selbstvertrauen geschenkt, zudem waren sie – bis auf Groucho – Spielernaturen. Sie gingen das Wagnis ein.

Premiere war am 22. Februar 1915. Der erste Teil des Programms, in dem die Marxens nicht mitwirkten, war die reine Katastrophe, mehr Pfiffe als Lacher wurden laut. Schlimmer noch, das Publikum langeweilte sich, und bei der Pause angelangt, stand der gute Ruf des *Palace* auf dem Spiel. Nach dem Klingelzeichen schlurfte ein verstimmtes Publikum auf seine Plätze zurück, um sogleich in brüllendes Gelächter auszubrechen: die Marx Brothers führten ihr *Home Again* auf. Der Abend und das *Palace* waren gerettet. Und Chico, Harpo, Groucho und Gummo waren berühmt. Aber mit dem Vaudeville ging es allmählich bergab.

Ein paar Jahre zuvor hatten die Brothers während einer Tournee in einem Theater, in dem sie selbst nicht auftraten, einen völlig unbekannten Komiker gesehen, dem sie neidvoll zugestehen mußten, besser zu sein als alle anderen Vaudevillekomiker zusammen. Nach der Vorstellung gingen die Brothers hinter die Bühne, um sich vorzustellen. Er verdiente 50 Dollar pro Woche und hatte gerade ein Filmangebot für 500 Dollar die Woche abgelehnt. Warum? Für 50 Dollar wöchentlich könne er gute Arbeit leisten, aber kein Komiker sei 500 Dollar wert. Würde er den Vertrag annehmen und seine Sache nicht gut machen, würde man ihn feuern. Und wo sei er dann? Auf der Straße. Groucho erinnerte sich: »Er war ein sonderbares Männchen, dieser Charlie Chaplin. Als ich ihn kennenlernte, trug er einen einstmals weißen Kragen und eine schwarze Fliege. Ich kann seine Erscheinung nicht recht erklären, aber er sah ein wenig wie ein blasser Priester aus, über den der Bann verhängt worden war und der sich von seiner Tracht nicht trennen mochte. In den folgenden Wochen freundeten wir uns an. Er war sehr scheu, und ich erinnere mich besonders an einen Abend in Salt Lake City, wo wir ein nicht ganz sittsames Haus aufsuchten, um uns zu zerstreuen. Die Madame faßte eine Vorliebe für Charlie, aber er wollte nichts von ihr wissen, ebensowenig von den jüngeren Mädchen. Statt dessen verbrachte er den ganzen Abend damit, auf dem Fußboden zu liegen und mit der Bulldogge der Madame zu spielen.«

Wie wir wissen, war Chaplin dann doch einer der ersten, der die Zeichen der Zeit richtig erkannte und vom Vaudeville zum Film überwechselte – und dadurch den Untergang des Vaudeville dramatisch beschleunigte. Das kann ihm übrigens nicht hoch genug angerechnet werden, ohne dabei das Vaudeville miesmachen zu wollen, aber ohne Chaplins ermutigendes und verlockendes Beispiel hätte so mancher Komiker gezögert, den Schritt nach Hollywood zu wagen, und wir wären heute um viele Stummfilmkomödien ärmer. Auf der anderen Seite war es das Vaudeville, wo die Komiker ihr Handwerk erlernten, und seit seinem Verschwinden hat es in Amerika zwar noch viele gute Komiker gegeben, aber keinen mehr, der einem Chaplin oder Buster Keaton auch nur nahekommt. Verglichen mit diesen beiden Giganten waren freilich auch die Marx Brothers nur zweitrangig. Wieviel diese aber dem Vaudeville verdankten, läßt sich leicht an den Filmen feststellen; als ihnen die Produzenten nicht mehr erlaubten, die Stücke erst auf der Bühne vor einem Publikum auszuprobieren, hatte auch darunter die Qualität der Filme zu leiden.

Doch zurück zu den Jahren des Ersten Weltkriegs. 1914 lief Chaplins erster – und für einige Jahre auch letzter – Langfilm an: *Tillie's Punctured Romance*, und der englische Komiker wurde über Nacht zum Star, befand sich auf der Schwelle zum Weltruhm. Ein Jahr später brachte D. W. Griffith sein erstes Meisterwerk heraus: *The Birth of a Nation*. Die Filmtheater schossen wie Pilze aus dem Boden. Einige Vaudevilletheater, vor allem in New York, nahmen Kurzfilme in ihre Programme auf und benannten sich in Vaudefilmtheater um. Auch die Broadwaybühnen bekamen die Filmkonkurrenz ernsthaft zu spüren.

Die Filmindustrie machte den Volkstheatern nicht nur das Publikum abspenstig, sondern auch die Schauspieler. Was die Komiker betraf, so hatte der Erfolg Chaplins die Produzenten darauf aufmerksam gemacht, wo die besten Talente zu suchen und zu finden waren. Obwohl das Komikerreservoir des Vaudeville in den folgenden Jahren ständig ausgedünnt wurde, dachten die Brothers nicht daran, zum Film zu gehen. Das könnte als Arroganz oder Rückständigkeit gedeutet werden, war in Wirklichkeit aber nüchternes Kalkül: Da immer mehr Rivalen nach Hollywood abwanderten, blieb den Vaudevilledirektoren bald nichts anderes mehr übrig, als sich um die Marx Brothers zu reißen. Außerdem war es Groucho und seinen Brüdern klar, daß ihre Komik, trotz des Pantomimen Harpo, viel zu sehr auf Wortwitz basierte, als daß sie in einem Medium wie dem Stummfilm hätten reüssieren können. Sie verfolgten zielstrebig ihre Karriere und warteten – so scheint es – geduldig auf die Erfindung des Tonfilms. Zuvor aber wollten sie noch eine bedeutende Hürde nehmen – den Sprung vom Vaudeville zum Broadway.

Dazu waren zwei Schritte unumgänglich: ein Umzug nach New York und ein neuer Manager. Minnie wurde schonend beigebracht, daß sie ausgedient hatte. Chico nahm ihre Stelle ein, und die Legende will wissen, daß er die Produzenten in derart hohe Spielschulden verstrickt hat, daß diesen schließlich nichts anderes übrigblieb, als die Marx Brothers zu engagieren. So recht glaubwürdig ist das nicht, aber wie auch immer, Chico erwies sich als hervorragender Manager und geschickter Verhandlungspartner. Wenn Groucho im späteren Leben sich häufig abfällig über seinen Bruder äußerte, vergaß er jedoch nie darauf hinzuweisen, daß Chico es war, der das Broadway-Wagnis vorantrieb und seinen Brüdern das nötige Selbstvertrauen schenkte. Die hatten sich bislang zwar für gute Unterhaltungskünstler, aber nie für große Komiker gehalten. Chico überzeugte sie. Gemeinsam würden sie es schaffen. Schließlich hatten sie bereits ein paar spektakuläre Erfolge vorzuweisen.

Im Sommer 1919 zogen die Marx Brothers wieder nach New York.

Broadway

Chico und Harpo waren bereits über dreißig, und Groucho war fast dreißig, als sie von zu Hause fortzogen und sich eigene Wohnungen nahmen. Chico war seit mehr als zwei Jahren verheiratet, aber ebensowenig wie er auf den Gedanken verfallen war, seine Familie zu seiner Hochzeit einzuladen, war es ihm in den Sinn gekommen, mit der frisch Angetrauten woanders als bei Minnie und ihrer fröhlichen Schar zu wohnen.

Während noch die Umzugspläne nach New York diskutiert wurden, ging Groucho mit einer sehr jungen Dame aus, die Zeppo in Cleveland kennengelernt und für eine Nebenrolle engagiert hatte, wohl weil er kurzfristig in sie verknallt war. Als sie sich wenig später Groucho zuwandte, hat ihr Zeppo jedenfalls keine Träne nachgeweint. Groucho und Ruth Johnson zogen gemeinsam nach New York, die Hochzeit war am 4. Februar 1920 in Chicago. Chico und seine Frau Betty Karp waren nicht eingeladen – Groucho hatte seinem Bruder dessen lapidare Vermählung ohne Fest und Verwandtschaft noch nicht verziehen. Grouchos Hochzeit fand in gedrückter Stimmung statt - wenige Tage zuvor war Opie verstorben.

Obwohl Chico schon kurz nach der Ankunft in New York einem Broadway-Produzenten einen Vertrag aufgeschwatzt hatte, sollte es noch fast vier Jahre dauern, ehe die Brothers vom Vaudeville loskamen. Die Zwischenzeit jedoch war alles andere als ereignislos.

Am 21. Juli 1921 kam Grouchos und Ruths Sohn Arthur zur Welt. Die Familie lebte damals in einer geräumigen Wohnung im Haus 161 East 79th Street. Groucho verdiente gut, die Zukunftsaussichten waren rosig, man erfreute sich eines gesunden Babys, dem jungen Glück hätte eigentlich nichts im Wege stehen dürfen – wenn Groucho sich nicht mit geradezu absurder Liebe und Leidenschaft des Babys angenommen hätte. Zwischen den Vorstellungen eilte er nach Hause, um Arthur zu baden und ihm die Windeln zu wechseln. Für Ruth wäre das weniger schlimm gewesen, hätte Groucho sie nicht kurz nach der Hochzeit von der Bühne verbannt. Sie hatte keine Aufgabe mehr – weder als Schauspielerin noch als Mutter.

Bald stellte sich ein zusätzliches Problem ein, den Keim für das noch weit entfernte Scheitern der Ehe: Groucho und Ruth fingen an zu trinken. Groucho nur kurze Zeit und dann auch nur gelegentlich und weniger aus Spaß am Alkohol, denn aus Protest gegen das im Januar 1920 erlassene Prohibitionsgesetz. Diese intelligente Maßnahme der US-Regierung hatte vor allem zweierlei zur Folge: In Amerika wurde mehr getrunken als jemals zuvor, und die Mafia konnte ihren endgültigen Durchbruch feiern. – Wer etwas auf sich hielt, trank Alkohol und hatte eine Flasche Whisky im Schrank und wußte einen »speak-easy«, wo man auf ein geheimes Klopfzeichen eingelassen wurde.

Eine allgemeine Desillusionierung kennzeichnete die Nachkriegsära der USA, da die Realität des Friedens erheblich von Präsident Wilsons Vorstellungen und Versprechungen abwich. Amerika hatte enorme Kriegsschulden, die Landwirtschaft erreichte ein nie dagewesenes Tief, die Arbeitslosigkeit stieg ständig. Hinzu kamen die zahlreichen Skandale während der Administration Warren G. Hardings, dem Nachfolger Wilsons. Den amerikanischen Präsidenten der zwanziger Jahre, allesamt Republikaner, schien außerdem nichts mehr am Herzen zu liegen, als das Hegen und Pflegen der Millionärsklasse, während sie der Verelendung der Mittel- und Unterklasse uninteressiert und tatenlos zusahen. Das alles hat das Vertrauen in die Regierung derart geschwächt, daß in den zwanziger Jahren nur noch knapp 50

Prozent der wahlberechtigten Amerikaner zur Urne schritten. Nicht nur der jeweiligen Regierung mißtrauten sie, sondern dieser Institution allgemein. Kurz, Autorität wurde in Frage gestellt.

Und genau das taten die Marx Brothers. Nicht resignierend und passiv, vielmehr aggressiv, frech, phantasievoll und vor allem – respektlos. Jeder, der einen Titel trägt, ist ihnen verdächtig, fordert zum Widerstand heraus. Die untertänige Verbeugung wird durch die Beleidigung ersetzt; der Tritt gegen das Schienbein verdrängt den Kratzfuß. Und die Autorität ist immer der Verlierer – zumindest bei den Marx Brothers. In *Home Again* gibt die »Respektsperson«, der Lehrer Mr. Green, schließlich auf, indem er sich der Gegenseite zugesellt. Das war ein fast versöhnlicher Schluß. In den späteren Produktionen kamen die Titelträger und Würdevollen weniger glimpflich davon.

Kein Wunder, daß die Filme der Marx Brothers in der Bundesrepublik pünktlich mit den Studentenunruhen entdeckt wurden, zu einer Zeit also, da die Vokabel »antiautoritär« in den Sprachschatz aufgenommen wurde. Die Studentenrevolte ging von Berkeley, Kalifornien, aus, wo die Marx Brothers bald als Vorläufer und Vorbilder gefeiert wurden. Mit der Wiederentdeckung ihrer Filme richtete sich das Interesse auch auf ihr Privatleben. Waren sie außerhalb des Studios ebenso konsequent respektlos wie vor der Filmkamera?

Groucho jedenfalls führte eine recht bürgerliche Existenz. In den zwanziger Jahren lebte er in einer der besten Wohngegenden New Yorks, war ein treuer und treusorgender Familienvater, fuhr einen teuren Wagen und spekulierte mit seinen Ersparnissen kenntnisreich und geschickt an der Börse.

Die neue Show der Brothers hieß *On the Balcony* und war nicht ganz so sensationell wie *Home Again*, doch immerhin erfolgreich genug, um die William Morris Agentur, die die Brothers seit kurzem vertrat, zu einem recht gewagten Unternehmen zu verleiten: ein mehrwöchiges Gastspiel in London.

Die Premiere war am 19. Juni 1922 und ein Desaster. Schon nach fünf Minuten fing das Publikum zu buhen und zu zischen an und bewarf die Schauspieler mit Pennies. Groucho rief in den Saal: »Wir haben eine lange Reise gemacht, um euch zu unterhalten. Ihr könntet also wenigstens Silbermünzen werfen.« Das Publikum lachte – zum ersten- und letztenmal an diesem Abend. Schon am nächsten Tag wurden neue Plakate gedruckt. Die Marx Brothers gaben ab sofort *Home Again*, was dem englischen Humor eher entsprach. Sie schrieben pausenlos um, sie improvisierten und hatten das ungewohnte Publikum schließlich so gut im Griff, daß das Gastspiel als Erfolg verbucht werden konnte.

Allein die Tatsache, daß ein Vaudevillestück den Sprung nach Europa geschafft hatte, war so spektakulär, daß eine Aufwertung in den USA ganz natürlich folgte. Die Zeit für den Broadway war reif.

I'll Say She Is hieß das neue Programm, eine Revue aus 24 locker verbundenen Szenen ohne tragende Story. Es war die erfolgreichste Bühnenshow in der Karriere der Brothers und brachte den endgültigen Durchbruch. Obwohl uns nur noch ein paar Rezensionen und lückenhafte Schilderungen dieser Show zur Verfügung stehen, dürfen wir annehmen, daß sie zum Besten damaliger Bühnenkomödie gehörte. Kein Geringerer als der mit Lob geizende und inzwischen weltberühmte Charlie Chaplin erlaubte den Marx Brothers, mit seinem Namen zu werben: »Die beste und komischste Musikrevue, die ich je gesehen habe.«

Mehr noch als dieser schmeichelhafte Slogan mag eine Kritik Alexander Woollcotts in der New Yorker Zeitung *Sun* geholfen haben. Woollcott war ein hochangesehener Literat und der amerikanische Kritikerpapst seiner Zeit, unendlich eitel, hochgebildet und mit einem gesunden Sinn für Humor gesegnet. Die Überschrift besagter Kritik lautete: »Harpo Marx und einige Brüder« und beantwortete die Frage, welcher Marx Brother Woollcotts Liebling war. Die Rezension enthielt nicht einmal einen Ansatz einer Analyse der Marxschen Komik, besagte eigentlich nur, daß sich Mr. Woollcott königlich amüsiert hatte. Das genügte. Fortan gehörten die Intellektuellen zur treuesten Gefolgschaft der Brothers. War Harpo der klare Kritikerfavorit, so stand Chico in der Vaudeville- und Broadwayzeit am höchsten in der Gunst des Publikums, während Groucho in den Filmjahren und später zur Nummer Eins avancierte.

Nur die erste und die letzte Szene von *I'll Say She Is* sind uns halbwegs überliefert, was dazwischen geschah, kann man größtenteils nur vermuten. Sicher ist, daß Harpo und Chico ihr Harfen- beziehungsweise Klaviersolo hatten, daß Groucho und der Mädchenchor mehrere Couplets sangen und daß die Freundin eines wohlhabenden Brezelherstellers aus New Jersey, der die Show finanziert hatte, ein wenig auf der Bühne rumhopste. Die Eröffnungsszene spielt im Büro eines Theaterintendanten, in dem in rascher Folge Zeppo, Chico und Groucho erscheinen, wobei jeder mit der gleichen »Attraktion« aufwartet: einer Imitation des – damals – populären Steptänzers Joe Frisco. Nachdem alle drei ihre klägliche Imitation vorgeführt haben, werden sie unsanft aus dem Büro komplementiert. Auftritt Harpo. Er überreicht dem Intendanten seine Karte, worauf *dieser* wie automatisch in eine Joe Frisco Imitation verfällt.

Die berühmte Napoleon-Szene bildet das Finale. Groucho-Napoleon und Josephine feiern Abschied, Napoleon muß fort, zu irgendeiner Schlacht. Er macht sich mehrmals auf, um immer wieder gleich danach zurückzukommen, weil er sein Schwert oder sonstwas vergessen hat. Und jedesmal haben die zahlreichen Liebhaber Josephines (Harpo, Chico, Zeppo) ihre liebe Not, sich in letzter Sekunde zu verstecken. Beim dritten- oder viertenmal erklingt im Hintergrund die Marseillaise, und Groucho ruft: »The Moyonnaise! The army must be dressing!« – Das ist ein Wortspiel, dessen umständliche Erklärung man mir verzeihen möge. Marseillaise/

Mayonnaise klingt einigermaßen ähnlich, da das Schluß-e in beiden Sprachen stumm ist. Moyonnaise ist aber auch die Bezeichnung für eine bestimmte Salatsoße. Das Substantiv »dressing« bedeutet ebenfalls Salatsoße, das Verb »to dress« kann »sich anziehen« und »Salat anmachen« heißen. Groucho sagt also: »Die Armee zieht sich an (schlüpft in ihre Uniformen)« und gleichzeitig: »Die Armee übergießt sich mit Salatsoße.«

Der Marx-Humor basierte von Anfang an auch auf einem Feuerwerk mehr oder minder gelungener Wortspiele, weswegen die Filme unmöglich zu synchronisieren sind. Man denke nur an die »three cheers for Captain Spaulding«, worauf Harpo drei Stühle (chairs) anschleppt, oder an jene Szene, wo sich ein Staatsbeamter beschwert, daß ein von den Brothers vorgelegtes Dokument kein »seal« trage, worauf Harpo gehorsam einen Seehund unter seiner Jacke hervorzaubert. Seal heißt eben beides: Siegel und Seehund. Bei Wortspielen in Büchern lassen sich Äquivalente finden, aber bei Filmen ist der Übersetzer oft festgelegt und somit geliefert. Der deutsche Kinobesucher hat also zwischen (notwendigerweise) miserabel synchronisierten Versionen und den Originalen zu wählen, wobei ihm, falls er sich für die letzteren entscheidet, folgendes zum Trost gereichen möge: Da die Brothers meist in einem irrwitzigen Tempo sprechen, die Pointen sich geradezu jagen, und die Tonqualität, vor allem der frühen Filme, recht mäßig ist, waren selbst amerikanische Fans genötigt, sich jeden Film drei- bis viermal anzusehen, ehe sie alle Pointen mitbekommen hatten.

Das freilich enthüllt eine Schwäche der ersten Filme – weder die Brothers noch die Regisseure schienen jemals etwas von Filmdramaturgie, Timing und Tempowechsel gehört zu haben. Im Theater ist es nicht allzu schwierig, das Gelächter des Publikums zu überbrücken; man spricht erst dann weiter, wenn sich das Gelächter gelegt hat, um die nächste Pointe nicht untergehen zu lassen. Im Filmstudio sieht das anders aus — der Reaktion des Publikums beraubt, weiß man nicht, wann und wie lange man überbrücken soll. Das war der Hauptgrund, weswegen die Brothers, allen voran Groucho, die Filmarbeit haßten. Sie lösten das Problem, indem sie es ignorierten. Das Timing war eine Schwierigkeit, mit der alle Filmkomiker zu kämpfen hatten. Stan Laurel ging das Problem durch Probevorführungen an. Stellte er fest, daß zwei Pointen zu rasch aufeinanderfolgten, wurden kurze Zwischenszenen gedreht und in den Film eingefügt. Theoretisch wäre das auch eine Möglichkeit für die Brothers gewesen, nur waren nach dem Abdrehen eines Marx Brothers Films alle Beteiligten derart entnervt, daß sie keine Sekunde verloren, um die Flucht zu ergreifen.

Zurück zur Napoleon-Szene. Nachdem Groucho zum zigsten Mal zurückgekommen ist, schöpft er Verdacht. Er hegt Zweifel an Josephines Treue und zieht eine Schnupftabakdose hervor, die mit Niespulver gefüllt ist. Er verstreut das Zeug im Zimmer und ruft: »Kommt hervor, kommt hervor, wo auch immer ihr seid!« Chico und Zeppo kriechen heftig niesend aus ihren Verstecken, und Harpo robbt mit einer Gasmaske aus seinem Schlupfwinkel unter dem Bett. Dennoch beteuert Josephine: »Ich bin dir so treu wie die französische Armee!« Worauf Groucho sagt: »Ich bin ja nur froh, daß wir keine Marine haben.« Vorhang.

Tourneen durch die USA, zahllose Broadway-Aufführungen, mit *I'll Say She Is* waren die Marx Brothers zu einer festen Größe im Showbusiness geworden. Wir schreiben das Jahr 1925, es war Zeit für eine neue Produktion. Und man bediente sich der besten und teuersten Leute, die zu haben waren: fürs Skript George S. Kaufman, der 1932 zusammen mit Morrie Ryskind den Pulitzerpreis für das beste Theaterstück des Jahres (*Of Thee I Sing*) erhalten sollte, und für die musikalischen Einlagen Irving Berlin. Der Auftrag lautete: eine Musikkomödie mit einer Handlung, mit einer durchgehenden Story also. Das war für die Brothers etwas Neues, aber, in anderer Hinsicht, auch für Kaufman, der zwar ein erfahrener Komödienautor war, aber noch nie bestimmten Schauspielern Rollen »auf den Leib« hatte schreiben müssen. Den Stoff für seine Komödie hatte Kaufman schnell gefunden – ein damals aktuelles Thema, die plötzlich einsetzenden Grundstücksspekulationen in Florida. Über Nacht war Florida »in« geworden, es galt als schick, ein Ferienhaus oder wenigstens ein Grundstück in Florida zu besitzen, deren Preise natürlich sofort ins Astronomische stiegen. Groucho wurde die Rolle eines korrupten Hotelbesitzers zugedacht, der zufällig ein paar Grundstücke besaß, die er an den Mann oder die Frau zu bringen gedachte. Chico und Harpo spielten soziale Randfiguren, die in ein feines Hotel so wenig paßten wie Beppo Brem in die *Mailänder Skala.* Soweit der Grundgedanke. Was noch fehlte, war die High-Society-Person, die am Grundstückserwerb in Florida interessiert war, um sich von Groucho bereitwillig übers Ohr hauen zu lassen.

Da machte Kaufman während eines müßigen Theaterbesuchs eine grandiose Entdeckung: eine Schauspielerin, Mitte dreißig, so würdevoll und schlecht, daß sie als Gegenpol zu den Brothers geradezu ideal war. Es ging das Gerücht um, Margaret Dumont habe nie mitbekommen, daß sie in Komödien mitspielte und habe sich ständig bei den Regisseuren beschwert, daß Groucho die schönen Liebesszenen durch freche Antworten verderbe. Das ist nachweislich falsch, doch nachweislich richtig ist, daß sie nicht den geringsten Sinn für Humor hatte, von beschränkter Intelligenz war und die meisten Pointen der Brothers nicht verstand. Als Groucho ihr später in dem Kriegsfilm die Bemerkung ins Gesicht wirft: »Ich kämpfe für Ihre Ehre, das ist mehr, als Sie von sich behaupten können«, fragte sie ihn am Ende des Drehtages, was er damit gemeint habe.

Marguerite Baker, Vater Ire, Mutter Französin, wurde um 1889 geboren. Sie wollte Opernsängerin werden, ein Wunsch, den die Mutter unterstützte. Darf man von Marguerites schauspielerischen Fähigkeiten auf ihre musikalischen schließen, ist die Vermutung erlaubt, daß sie es zu einer zweiten Florence Foster Jenkins gebracht hätte. Aus der Opernkarriere jedenfalls wurde nichts, weswegen sie »nur« Schauspielerin wurde. Sie nahm den Mädchennamen ihrer Mutter an und tingelte durchs Vaudeville - bis zu jenem schicksalsschweren Abend, als Kaufman sie für seine und der Marx Brothers üblen Zwecke entdeckte. Überglücklich nahm sie die Chance wahr, vom Vaudeville zum Broadway wechseln zu können, ein Schritt, den sie noch oft bereuen sollte. Sie war freundlich, bis zur Selbstaufgabe gutmütig – und, was die Brothers schnell raushatten, arg verletzbar und sensibel. Nicht nur auf der Bühne haben sie ihr ständig auf infamste Weise mitgespielt. Ihre »practical jokes« trieben Mrs. Dumont an den Rande des Wahnsinns. Ein Beispiel: Die Crew ist mit *Animal Crackers* auf Tournee. Man mietet sich in einem Hotel ein, und Groucho teilt dem Hoteldetektiv mit, er werde am nächsten Tag ausziehen, wenn man die Dame in Zimmer 28 nicht sofort auf die Straße setze.

»Ich verstehe nicht«, sagt der Detektiv, »in Zimmer 28 wohnt die Schauspielerin Margaret Dumont.«

»Genau«, sagt Groucho. »Die bekannteste Hetäre zweier Kontinente. Ich empfehle Ihnen, morgen früh um zehn ihre Tür genau zu beoachten.«

Margaret Dumont steht, wie gewöhnlich, früh auf, macht einen Einkaufsbummel und kommt gegen zehn Uhr ins Hotel zurück. Sie steckt den Schlüssel ins Türschloß, da springt die Tür auf, und Groucho – aufgemalter Schnurrbart, Zigarre und Bademantel, für den Mittelwest-Poirot als der Gast des Vorabends nicht zu erkennen – stiebt aus dem Zimmer und dem Aufzug entgegen. Der Detektiv wird stutzig und erlaubt sich einen professionellen Blick ins Gemach. Da liegt halbnackt Chico im Bett und liest die Zeitung. Kaum eine Sekunde später springt Zeppo aus dem Wandschrank und beschwert sich: »Maggie, ich zahl' genausoviel wie die anderen, und nur weil ich der Jüngste bin, komm' ich nie dran.« Das ist zuviel. Der Detektiv dringt ein, öffnet die Badezimmertür und findet Harpo in der Wanne vor. Der Skandal ist perfekt, Mrs. Dumont packt heulend ihre Koffer und begibt sich zum Bahnhof. Gottlob ist Chicos Frau anwesend. Sie folgt der unglücklichen Diva und versichert ihr, daß die Brothers sie wirklich lieben, ohne sie aufgeschmissen seien und so weiter. Mühsam sind die Überredungskünste, aber nicht vergeblich. Schließlich läßt sich Maggie erweichen und schließt sich der Truppe wieder an – um spätestens am nächsten Tag Opfer eines neuen »pratical joke« zu werden. Mrs. Chico Marx rät ihr, den Brothers nur ein einziges Mal zu sagen, sie habe an deren Streichen einen höllischen Spaß, dann würden sie es bleiben lassen. Aber dazu hat Margaret Dumont sich nie durchringen können.

Als Groucho Jahrzehnte später gefragt wurde, welche beiden Frauen die größte Rolle in seinem Leben gespielt hätten, antwortete er: »Meine Mutter und Margaret Dumont.« – Zwei Frauen also, die er im Grunde verachtet hat, die aber für seine Karriere von Bedeutung waren. Die Mutter hat ihn, fast gegen seinen Willen, ins Showgeschäft lanciert; die Dumont war seine liebste Bühnen- und Filmpartnerin, das genußvoll geschlachtete, das permanente Opfer. Es sieht so aus, als habe Groucho seinen Mutterhaß an Margaret Dumont ausleben wollen.

Kaufman nannte die Komödie *The Cocoanuts*, und sie wurde, wie das noch heute bei Broadway-Shows üblich ist, außerhalb New Yorks ausprobiert, um die Publikumsreaktion zu testen und entsprechende Änderungen vorzunehmen. Im Parkett saß stets eine wahre Batterie von Stenographen, die jede Improvisation mitschrieb und Dauer und Intensität des Gelächters protokollierte. Das ging so weit, daß einzelne Wörter getestet wurden. An fünf aufeinanderfolgenden Abenden wurde ein bestimmtes Substantiv oder Adjektiv verwandt, um in den nächsten fünf Vorstellungen durch ein anderes ersetzt zu werden. Im Zuge dieses geradezu wissenschaftlichen Vorgehens stellte sich oft genug heraus, daß manch witzige Pointe an der Ostküste etwa mit Gelächter belohnt und im Mittelwesten nicht einmal verstanden wurde oder umgekehrt. Dennoch ließen es sich die Brothers, Groucho allen voran, nicht nehmen, hemmungslos zu improvisieren. Kaufman mußte mit Entsetzen und Empörung feststellen, daß von seinem Originalmanuskript bald nicht mehr viel übrig war. Als er einmal eine Vorstellung »seines« Stücks besuchte, lief er am Schluß hinter die Bühne und rief: »Hey, ich glaube, im 2. Akt hab' ich tatsächlich einen Satz gehört, der von mir stammt.« Voll Stolz berichtete Groucho später, daß er der einzige Schauspieler war, dem Kaufman erlaubt hatte, nach Belieben zu improvisieren. Was blieb Kaufman schon anderes übrig? Das war ungefähr so, als hätte man einem Bayern großzügig erlaubt, Bier zu trinken.

Die offizielle, das heißt die New Yorker Premiere war am 8. Dezember 1925 im *Lyric Theatre*. Der Vorverkauf war derart gut, daß man 140 zusätzliche Sitze ins Theater einbaute. Für die besten Plätze wurden elf Dollar gefordert, eine horrende Summe. *The Cocoanuts* war bei der Kritik wie beim Publikum ein großer Erfolg und lief monatelang vor ausverkauftem Haus, obwohl es Irving Berlin nicht gelungen war, einen einzigen Hit zu landen, auch dann nicht, als er später einige Musikeinlagen durch neue Kompositionen ersetzte.

Augenzeugen jedoch, die den Werdegang der Brothers von Anfang bis zum Ende verfolgt hatten, stimmten in der Ansicht überein, daß diese nie wieder etwas Lustigeres als *I'll Say She Is*, insbesondere die Napoleon-Szene, zuwege gebracht hatten. Hollywood darf es sich zur ewigen Schande anrechnen, diese Show nie verfilmt zu haben.

Die Zeit, da *The Cocoanuts* am Broadway lief, war wohl die glücklichste in Grouchos Leben. Er war berühmt, verdiente reichlich Geld, war (noch) glücklich verheiratet, und am 19. Mai 1926 schenkte Ruth seiner Tochter Miriam das Leben. Groucho war voll in seinem Element, die drei wichtigsten Dinge in seinem Leben vereinigten sich zu einer seligen Synthese: Geld, Ruhm und Säuglingspflege.

Im Sommer 1928 wurde eine neue Show geprobt: *Animal Crackers*. Für das Skript hate man George Kaufman und Morrie Ryskind verpflichtet. Das Erfolgsrezept früherer Shows wurde wieder angewandt – die Marx Brothers nicht als Team auftreten zu lassen, sondern als vier unabhängige Komiker. Jeder mit seinen unverwechselbaren Markenzeichen: Groucho – aufgemalter Schnurrbart, Zigarre, augenbrauenwippend, kniegebeugter Gang, geldgierig; Harpo – Löckchenperücke, kulleräugig und naiv, stumm, aber nicht taubstumm, harfespielender Mädchenjäger; Chico – starker italienischer Akzent, schlechte, wortspielträchtige Englischkenntnisse, begnadeter Pianokomiker, durchtrieben, kaum liebenswert; Zeppo – gut aussehend, gut gekleidet, gute Manieren, anständig und daher langweilig.

Markenzeichen waren – und sind – entscheidend für den Erfolg eines Komikers. In Untersuchungen über die Erfolgsrezepte der Komiker taucht immer wieder die These auf, das Publikum müsse liebenswerte und menschliche Züge im Clown entdecken, um sich mit ihm identifizieren zu können. Daß das nicht ganz zutreffen kann, wird man schnell einsehen, wenn man sich die Erfolgs- und Mißerfolgskarrieren der großen Komiker ansieht. Richtig ist, daß das Publikum Wünsche projizieren will, wie freches Verhalten Vorgesetzten oder sozial Höhergestellten gegenüber (Groucho), und daß es eigene Alltagssituationen karikiert sehen und schadenfroh genießen will (Laurel & Hardy), doch folgt es auf Dauer nur Komikern mit Wiedererkennungsmerkmalen oder eben Markenzeichen. Als Chaplin nicht mehr den Tramp spielte, versagte ihm das Publikum zunächst weitgehend die Gefolgschaft. Laurel & Hardy wurden erst populär, als sie sich ein Vokabular zugelegt hatten, das sich fortan in all ihren Filmen wiederholte – Stans Heulen etwa oder Hardys Winken mit der Krawatte. Andere haben den Sprung nie geschafft, nur weil sie allzu vielseitig waren. Der im Beruf wie im Leben exzentrische Larry Semon, ein hervorragender Komiker, voll Phantasie und surrealistischer Einfälle, hat sich nie auf eine Rolle festlegen können, war abwechselnd Sieger und Opfer in seinen Slapstickkomödien. Das Publikum konnte sich keinen Reim auf ihn machen, entsprechend kurz war seine Karriere.

Animal Crackers war nicht ganz so günstig wie *The Cocoanuts* aufgenommen worden, aber gut genug, um anderthalb Jahre lang ein volles Haus zu sichern. Mit zum Erfolg beigetragen hat sicher Grouchos erster Auftritt in *Animal Crackers*, seine wirksamste Intrada überhaupt: vier Schwarze tragen Captain Spaulding in einer Sänfte auf die Bühne. Einer der Träger flüstert Captain Groucho etwas ins Ohr, und dieser ruft empört: »Was höre ich da? Acht Dollar soll das machen – von Afrika in die 44. Straße? Das ist Betrug, du Halsabschneider. Ich habe dir doch extra gesagt, nicht den Umweg über den Park zu machen.«

Das Publikum brüllte vor Lachen.

In New York und im Rest der Nation wollte man nicht länger auf Gastspiele warten, zumal diese für Besucher aus Kleinstädten und ländlichen Gegenden oft genug eine kostspielige Reise mit Übernachtung in einem Hotel bedeutet hätten. Schließlich war inzwischen der Tonfilm erfunden worden, und in jedem besseren Kaff gab es ein Lichtspielhaus. Die Marx Brothers mußten sich dem Druck der Öffentlichkeit beugen, es half nichts, es mußten Filme her. Widerstrebend, äußerst widerstrebend fügten sie sich.

Die Filme

So unterschiedlich die Marx Brothers veranlagt, so verschieden ihre Vorlieben und Abneigungen waren, in *einem* Punkt herrschte Einigkeit – keine Tätigkeit war ihnen verhaßter als die Arbeit im Filmstudio. Dennoch kostete es Paramount wenig Mühe, die Brothers zur Unterzeichnung eines Vertrages zu überreden. Für die Verfilmung von *The Cocoanuts* wurde ihnen eine Gage von 100000 Dollar zugesagt. Hinzu kam noch, daß sich die Filmarbeit auf die Vor- und Nachmittage beschränkte, so daß keine der allabendlichen Vorführungen von *Animal Crackers* ausfallen mußte; in anderen Worten, sie konnten die wöchentlich 2000 Dollar Broadway-Honorar für jeden der Marx Brothers weiter kassieren.

Paramount hatte sich relativ spät entschlossen, Tonfilme zu produzieren und war bestrebt, verlorenes Terrain möglichst rasch zurückzugewinnen. In aller Eile wurde das Studio in Astoria, Long Island, umgerüstet. Allein für das Jahr 1929 war die Produktion von 15 großen Tonfilmen geplant. Für *The Cocoanuts* war ein Monat Drehzeit vorgesehen. Proben wurden nicht anberaumt, schließlich hatten die Brothers ihr Stück ja oft genug gespielt. »Sie hielten einfach nur eine Kamera drauf, während wir unsere alte Bühnenversion abspulten«, schrieb Harpo später.

Dennoch kam es einem Wunder gleich, daß die Terminplanung so einigermaßen eingehalten werden konnte. Die beiden Regisseure Robert Florey und Joseph Stantley mußten nämlich bald erkennen, daß ihre Hauptaufgabe nicht darin bestand, den Akteuren Anweisungen zu erteilen, sondern die Marx Brothers im Studio zu halten und zur Arbeit zu bewegen. Nur Zeppo blieb Robert Florey in halbwegs angenehmer Erinnerung: »Er war jeden Tag als erster zur Stelle, und er kam jeden Tag zu spät.« Wenn die Kameras auch nur eine Sekunde still standen, nahm Harpo die Gelegenheit wahr, zu seiner Harfe zu eilen, die irgendwo in dem Gebäude abgestellt war, oder in seiner Künstlergarderobe zu schlafen, während Groucho zum Telephon stürzte, um Endlosgespräche mit seinem Börsenmakler zu führen. Nichts war zeitraubender bei den Dreharbeiten als die ständige Suche nach Chico. Man durfte froh sein, wenn er sich überhaupt auf dem Filmgelände aufhielt. Die Chancen, ihn zu finden, waren größer, wenn man im New York Bridge Club vorbeischaute.

Mit Sicherheit hätten sich die Dreharbeiten in die Länge gezogen, wäre Florey mit seinem Wunsch durchgedrungen, einige Szenen in Florida zu drehen. Doch Monta Bell, der Produktionsleiter, lehnte mit der verblüffenden Begründung ab: »Warum echte Szenerien verwenden, wenn einer der Hauptdarsteller offensichtlich einen falschen Schnurrbart trägt?«

Am 3. Mai 1929 wurde *The Cocoanuts* im New Yorker *Rialto* uraufgeführt. Die Brothers waren nicht anwesend, da sie zur gleichen Zeit in einem Vaudeville-Theater spielen mußten. Erst zwei Tage später hatten sie Gelegenheit, den Film zu sehen. Groucho ging in die Sonntagnachmittagsvorstellung. Das Kino war halb voll, das Publikum schien sich mehr zu langweilen als zu amüsieren. Nach der Vorstellung fuhr Groucho zu Chico und sagte: »Dieser Film wird unsere Karrieren ruinieren. Wir müssen ihn zurückkaufen.«

Chico stimmte zu. Doch noch ehe sie entsprechende Verhandlungen mit Paramount aufnahmen, erschienen die ersten Kritiken – und waren durchwegs enthusiastisch. *The Cocoanuts* wurde Paramounts Kassenschlager des Jahres.

Die einzige Erklärung hierfür ist wohl, daß der Tonfilm noch nicht den Reiz des sensationell Neuen verloren hatte, und daß in diesem Genre noch nichts Großartiges produziert worden war. Heute ist Grouchos Entsetzen über diesen Film sehr viel leichter nachzuvollziehen als die damalige Begeisterung von Kritik und Publikum. Dabei ist *The Cocoanuts* nicht einmal der schlechteste Marx-Brothers-Film, sieht man von der miserablen Kameraführung ab. – Es sollte bald noch schlimmer kommen.

Das Erfolgsjahr 1929 hielt aber noch zwei Schicksalsschläge bereit: am 13. September starb Minnie, keine 65 Jahre alt. Sie wurde auf dem Woodlawn Jewish Cemetery beigesetzt, und Alexander Woollcott schrieb ihr im *New Yorker* einen liebevollen Nachruf.

Bedenken wir Grouchos gespaltenes Verhältnis zu seiner Mutter, seine Gefühlskälte und seine fast neurotische Geldgier, dürfen wir annehmen, daß ihn der zweite Schicksalsschlag noch härter traf: Der New Yorker Börsenkrach am 25. Oktober, der die Weltwirtschaftskrise auslöste und als Schwarzer Freitag in die Geschichte einging. Groucho hatte an der Börse 250000 Dollar investiert, was heute einer Kaufkraft von grob geschätzt vier Millionen Dollar entspräche. – Chico sah sich durch den Börsenkrach in seiner Auffassung bestätigt, Geld sei dazu da, es möglichst schnell auszugeben, ohne sich einen Deut um die Zukunft zu scheren: »Groucho hat jeden Nickel gespart«, sagte er, »und sehen Sie, was passiert ist. Ich habe Spaß gehabt, er nicht, und nun stehen wir beide gleich da. Er muß mit mir wieder von vorne anfangen.«

Ein Segen nur, daß Paramount darauf bestanden hatte, die Garantiesumme in Raten zu bezahlen und darüber hinaus noch reichlich Broadway- und Tourneegagen flossen. Im Gegensatz zu Millionen anderen Menschen waren die Marx Brothers finanziell nicht ruiniert, ja, sie mußten sich nicht einmal kurzfristig einschränken, weswegen es Groucho leichtfiel, schon bald Witze über die Depression zu reißen. Die Zeiten seien so hart, sagte er, »daß die Tauben im Central Park angefangen haben, die Menschen zu füttern«. Allerdings hat er sich nie von dem Schock des Schwarzen Freitag vollständig erholt; sein Geiz nahm bei kleinen Dingen noch groteskere Formen an, außerdem litt er von da an bis zu seinem Lebensende an Schlaflosigkeit.

The Cocoanuts wird man nicht mehr für so einen wahnsinnig schlechten Film halten, wenn man den ein Jahr später gedrehten *Animal Crackers* gesehen hat. Verfahren wurde nach dem bewährten Rezept – geistloses Abdrehen der Bühnenshow, ohne einen Gedanken an eine filmspezifische Dramaturgie zu verschwenden. Hauptsache, die Produktionskosten wurden niedrig gehalten und die Kasse stimmte. Einem Publikum, das sich von *The Cocoanuts* begeistert zeigte, konnte man wohl alles zumuten. Die Rechnung sollte aufgehen, obwohl Victor Heermans Regie noch unbeholfener als die seines Vorgängerteams war, und obwohl die Brothers noch weniger von ihren schauspielerischen und komödiantischen Fähigkeiten preisgaben.

Auch in *Animal Crackers* mußte, wie schon in *The Cocoanuts*, eine Liebesgeschichte in die Handlung eingebaut werden. Mit dem undankbaren Part des jungen Mädchens wurde ein Starlet namens Lillian Roth betraut. Die hatte zuvor in Hollywood einen Regisseur während der Dreharbeiten zu einem Melodram derart genervt, daß man ihr eine gehörige Kopfwäsche verpassen wollte. Als ihr Agent ihr eröffnete, sie habe an die Ostküste zu reisen, um mit den Marx Brothers einen Film zu drehen, brach sie in Tränen aus.

Wie berechtigt ihre Befürchtungen waren, sollte sie bald erfahren. Als Lillian Roth auf Long Island eintraf, hatten die Dreharbeiten bereits begonnen. Was sich ihren Augen bot, gemahnte sie, wie sie später bekannte, mehr an einen Zirkus als an ein Filmatelier. Victor Heerman galt zwar als tyrannischer Regisseur, der mit eiserner Faust regierte – allein deswegen hatte Paramount ihn für diesen Film auserkoren – doch den Marx Brothers war selbst er nicht gewachsen. Wenigstens sparte er Filmmaterial, da er, ohne daß die Kamera lief, jede Szene ein- bis zweimal spielen ließ, um zu verhindern, daß irgend jemand während der Aufnahme in schallendes Gelächter ausbrach und die Tonspur verdarb.

Am Heiligabend 1930 gingen die vier Marx Brothers an Bord der *Paris*, um zu ihrem zweiten London-Gastspiel nach England zu reisen. Ehe die Anker lichteten, trafen sich die Marxens mit Juristen von Paramount in Grouchos Luxuskabine, um den Vertrag für einen neuen Film zu unterschreiben. Die Gage betrug 200000 Dollar. Zusätzlich enthielt der Vertrag eine Option auf zwei weitere Filme.

Das dreiwöchige Gastspiel im *London Palace* bot eine Zusammenfassung der Shows *The Cocoanuts* und *Animal Crackers* und war von Anfang an ein überwältigender Erfolg. Groucho konnte es sich nicht verkneifen, nach der ersten Vorstellung vor den Vorhang zu treten und das Publikum an sein schlechtes Benehmen während des ersten Gastspiels zu erinnern. Aber niemand trug ihm nach, daß er so nachtragend war.

Am 14. Februar 1931 kamen die Brothers wieder in New York an. Die langwierigen Zollformalitäten versetzten Groucho in mörderische Laune, um seinem Ärger Luft zu machen, füllte er die Zollerklärung wie folgt aus:

NAME: Julius H. Marx
ADRESSE: 21 Lincoln Rd., Great Neck, Long Island
GEBOREN: Ja
HAAR: Wenig
AUGEN: Gut genug, Sie zu sehen
BERUF: Schmuggler
LISTE ALLER WAREN, DIE AUSSERHALB DER VEREINIGTEN STAATEN ERWORBEN WURDEN: Würden Sie wohl gerne wissen, was?

Er gab das Formular dem Beamten, wandte sich seiner Frau zu und fragte sie, ob sie das Opium gut versteckt habe. Darauf mußten sich das Ehepaar und seine Kinder – ohne die

Groucho die Reise nie angetreten hätte – einer gründlichen Leibesvisitation unterziehen.

Inzwischen hatte Paramount das Studio in Astoria, Long Island, mehr oder weniger stillgelegt und alle Produktionsstätten nach Hollywood verlegt. Das bedeutete freilich, daß die Marxens ihre New Yorker Immobilien zum Verkauf anbieten und ihre Zelte in Kalifornien aufschlagen mußten. Bereits im Februar zogen sie um. Während sich Harpo, Chico und Zeppo schnell in ihrer neuen Heimat einlebten, zeigte sich Groucho erst einmal bockig. Der kalifornische Gesellschaftsrummel war nicht nach seinem Geschmack. Demonstrativ schlug er Einladungen aus, erschien bei keiner einzigen Filmpremiere und die Starfotos, die ihm Autogrammjäger reichten, signierte er mit »Charlie Chaplin« oder »Mary Pickford«.

Monkey Business unterschied sich in vieler Hinsicht von den ersten beiden Marx-Brothers-Filmen. Zum ersten Mal hatten sie es mit einer Szenenfolge zu tun, die nicht bereits in unzähligen Theatervorstellungen auf Publikumswirksamkeit geprüft worden war. Eine nicht minder riskante Neuerung war, Margaret Dumont durch Thelma Todd zu ersetzen. Als Repräsentantin des Establishments, an der sich Grouchos respektlose Flegeleien entzünden, war die Dumont freilich wie geschaffen. (Wenn ich sie auf Bildern oder in Filmen sehe, muß ich immer an eine Formulierung Thomas Manns denken, die freilich nicht auf Margaret Dumont gemünzt war: »... eine Miene, in der sich die strenge Würde der Beschränktheit malt.«) Die bildschöne Thelma Todd hatte schon durch ihre Erscheinung die Sympathien des Publikums und war daher als »Opfer« denkbar ungeeignet; sie spricht eher das Mitgefühl als die Schadenfreude des Zuschauers an. Erstmalig wurde auch Zeppo mit einer größeren Rolle betraut.

Allen Beteiligten war klar, daß *Monkey Business* eine Art Prüfstein werden würde – es mußte sich erweisen, ob die Marx Brothers auf Dauer marktfähig waren. Der Tonfilm hatte den Reiz des Neuen eingebüßt, das Publikum ließ sich nicht mehr so leicht abspeisen wie noch vor ein oder zwei Jahren.

Monkey Business, die Geschichte der Brothers, die auf einem Ozeandampfer in die Fänge zweier rivalisierender Gangsterbanden geraten, wurde im September 1931 uraufgeführt. Bereits in den nächsten Tagen hatte der Publikumsandrang in zehn amerikanischen Großstädten Formen angenommen, wie es selbst Paramount noch nicht erlebt hatte. Eine Woche später unterschrieben die Brothers den Vertrag für den nächsten Film, der ihnen wieder eine Gage von 200000 Dollar versprach.

Da *Monkey Business* ein so glänzender Erfolg war, wurde auch der Regisseur Norman McLoed für den nächsten Film verpflichtet. Der war zwar jetzt schon mit seinen Nerven am Ende, aber es half nichts. Nachdem *Horse Feathers* abgedreht war, verkündete er, nie wieder etwas mit den Marx Brothers zu tun haben zu wollen.

Als der 1932 entstandene Film *Horse Feathers* in Frankreich herauskam, schrieb der Urvater der Surrealisten Philippe Soupault: »[Die Marx Brothers] sind im Grunde ganz normale Menschen, nur daß sie so handeln wie wir handeln sollten, wenn uns soziale Regelungen nicht daran hindern würden. Ich glaube, obwohl die meisten Filme rasch wieder verschwinden, daß diese satirische Komödie noch lange unsere Lachmuskeln reizen wird.«

Damit hatte Soupault eine Erklärung für den spektakulären Erfolg von *Horse Feathers* geliefert. In diesem Film stellen die Brothers nämlich eine Universität auf den Kopf – und da der Universitätsbetrieb nicht viel anders ist als der Schulbetrieb, hatte das Publikum keine Schwierigkeiten, Tagträume und rachsüchtige Schadenfreude daran festzumachen.

Nachdem die Dreharbeiten im Juli 1932 abgeschlossen waren, kündigten die Marxens eine einjährige Filmpause an. In der Zwischenzeit wollten sie wieder Theater spielen, und Harpo hatte sich von Alexander Woollcott zu einem längerem Gastspiel in Moskau überreden lassen. *Horse Feathers* war aber sogleich derart erfolgreich, daß Paramount auf unverzügliche Fortsetzung der Filmarbeit bestand. Die Theatertournee wurde abgesagt, und Harpo mußte sein Gastspiel verschieben. Als dann noch das Magazin *Time* eine Titelgeschichte über die Marx Brothers veröffentlichte, wollte Paramount erst recht keine Zeit mehr verlieren – solche Gratisreklame bekam man nicht alle Tage.

Die Autoren Bert Kalmar und Harry Ruby wurden beauftragt, so schnell wie möglich ein Drehbuch anzufertigen. Die Regie sollte Ernst Lubitsch übernehmen. Daraus wurde dann allerdings nichts. Uns bleibt nur der Ärger, daß einer der schönsten Hollywoodfilme nie gedreht wurde.

Aber trösten wir uns, auch mit Leo McCarey traf Paramount eine hervorragende Wahl. Einige Filmkritiker sind der Ansicht, daß er der einzige Marx-Brothers-Regisseur war, der wirklich etwas von Komödien verstand. Mag sein. – Wie auch immer, er konnte nicht sofort sein Talent unter Beweis stellen, da Paramount in eine ernsthafte Finanzkrise geraten war, und den Drehbeginn mehrmals verschieben mußte.

Bis dahin verlief die Zeit aber keineswegs ereignislos. Im Oktober bezog Groucho mit seiner Familie ein Haus auf Hillcrest Road. Die Villa hatte vierzehn Zimmer, sieben Bäder, ein Billard- und drei Dienstbotenzimmer und kostete 44 000 Dollar. Wenn es um seinen luxuriösen Lebensstandard ging, war Groucho zuweilen geradezu verschwenderisch; so hatte er für die Überfahrt nach England zu dem London-Gastspiel drei Kabinen für 600 Dollar gebucht. Geizig war er nur, wenn es um lächerliche Kleinigkeiten ging.

Groucho blieb zunächst wenig Zeit, sich seines neuen Heims zu erfreuen, denn schon im November mußten er und

Chico nach New York reisen, um jeden Montagabend die Radioshow *Beagle, Shyster, and Beagle* zu bestreiten. Gesponsert wurde die Sendung von Standard Oil und Colonial Beacon Oil. Groucho und Chico erhielten das fürstliche Honorar von 6500 Dollar pro Lifesendung. Ihre Arbeit bestand darin, einmal die Woche, nach einer kurzen Durchlaufprobe, die gerade fertiggestellten 30-Minuten-Manuskripte der Autoren Nat Perrin und Arthur Sheekman, die auch schon an den Drehbüchern zu *Monkey Business* und *Horse Feathers* mitgewirkt hatten, abzulesen. – Zum Vergleich: Auch Greta Garbo erhielt 6500 Dollar Wochengage, aber dafür mußte sie jeden Tag von früh bis spät anstrengende Arbeit im Filmstudio leisten.

In *Beagle, Shyster, and Beagle* war Groucho ein ebenso erfolgloser wie korrupter Anwalt, und Chico fiel die Rolle des noch nichtsnutzigeren und stinkfaulen Assistenten zu. Natürlich kann Chico wieder nur unzureichend Englisch und spricht mit starkem italienischen Akzent, was die Grundlage für unzählige Wortspiele ist.

Dummerweise lebte in New York tatsächlich ein Anwalt namens Beagle. Der griff wütend zum Telephon und drohte mit einer Anzeige, falls die Sendung nicht umbenannt würde. Also hieß sie ab der vierten Episode *Flywheel, Shyster, und Flywheel*.

Zur Freude von Groucho und Chico wurden die Sendungen ab der zehnten Episode von Los Angeles aus gesendet. Aus unerfindlichen Gründen mußten sie aber für die letzten vier Episoden wieder mitsamt ihren Autoren zurück nach New York. Nach der 26. Episode wurde die Sendung abgesetzt, wohl weil die Einschaltquoten weniger hoch waren, als sich die finanzierenden Firmen erhofft hatten. – Da es sich um Lifeproduktionen gehandelt hatte, waren keine Tonträgeraufzeichnungen angefertigt worden, doch sind, bis auf eine, die verlorenging, alle Episoden im Manuskript erhalten und veröffentlicht.

Frenchy, der mit seinen Söhnen nach Kalifornien gezogen war und in *Monkey Business* eine kleine Statistenrolle erhalten hatte, starb am 11. Mai 1933.

Inzwischen hatte sich Paramount finanziell wieder etwas erholt, das Drehbuch zu *Duck Soup* war fertig – und Margaret Dumont war endlich nach Kalifornien übergesiedelt. Die Fans atmeten auf, doch bald mußten sie feststellen, daß sich *Duck Soup* in mancher Hinsicht von den früheren Filmen unterschied. Erstmals haben wir es hier mit einer gut aufgebauten Story zu tun und einer konsequenten Dramaturgie, die beispielsweise nicht krampfhaft nach Vorwänden sucht, die es Chico und Harpo gestatten, ihre Musiknummern unterzubringen. *Duck Soup* ist der einzige Marx-Brothers-Film, der ohne Klavier- beziehungsweise Harfensolo auskommt.

Schwer begreiflich ist heute, daß *Duck Soup* weder bei der Kritik noch beim Publikum ankam. Inzwischen gilt dieser Film längst als einer der besten, wenn nicht der beste der Marx Brothers. Eine brillante antifaschistische Satire, ganz nach Grouchos Geschmack. Von allen Brothers war er der politischste oder besser, der einzige, der eine politische Meinung hatte. Als er 1971 – der Vietnamkrieg war noch längst nicht zu Ende – in einem Interview äußerte: »Die einzige Hoffnung für unser Land ist Nixons Ermordung«, entging er nur um Haaresbreite einer Anklage Washingtons.

Sicher macht ein gut gemeinter Film noch keinen guten Film aus. Woody Allen hebt ganz andere Qualitäten hervor: »Es gibt nur sehr wenige Komödien und selbst die größten haben Längen. Es gibt Szenen, die man einfach hinnehmen muß. Da hilft nichts. Ab und zu stößt man auf etwas wie *Duck Soup*, wo es praktisch keinen Leerlauf gibt. Wenn man nach den größten [Film-]Komödien aller Zeiten gefragt würde und *Goldrausch* und *Der General* und noch ein halbes Dutzend anderer aufzählte, *Duck Soup* ist die einzige, in der es wirklich keinerlei Leerlauf gibt.«

Der Film spielt in der fiktiven Bananenrepublik Freedonia. Kurz nach der Uraufführung stellte sich heraus, daß es im Staate New York ein Kaff namens Fredonia gab – und zwar durch einen Brief des Bürgermeisters an Paramount: »Seit 1817 haftet dem Namen Fredonia keinerlei Makel an. Ich halte es für meine Pflicht als Bürgermeister, die Verwendung des Namens unserer Stadt in Ihrem Film zu beanstanden.« – Groucho ließ es sich nicht nehmen, darauf zu antworten: »Euere Exzellenz: Wir können Ihnen nur raten, den Namen Ihrer Stadt zu ändern. Der schadet nämlich unserem Film. Wie kommen Sie übrigens auf den Gedanken, Sie seien der Bürgermeister von Fredonia? Tragen Sie einen schwarzen Schnurrbart, spielen Sie Harfe, sprechen Sie mit italienischem Akzent, oder jagen Sie, wie Harpo, kleinen Mädchen hinterher? Wir sind überzeugt, daß das nicht der Fall ist. Darum müssen wir Bürgermeister von Fredonia sein, nicht Sie. Der gute alte Bürgermeister ist auch nicht mehr das, was er einmal war.«

Beigetragen zu dem Mißerfolg von *Duck Soup* hat sicher auch die desperate wirtschaftliche Lage, in der sich die meisten Amerikaner damals befanden. Man hatte 1933 einfach nicht mehr das Geld, so oft ins Kino zu gehen, wie in früheren Jahren. Und wenn man sich dieses Vergnügen leistete, wollte man Filme sehen, die von der Wirklichkeit ablenkten, anstatt sich Satiren zu Gemüte zu führen, die den Aufstieg eines wahnwitzigen Diktators aufs Korn nahmen.

Der bislang beste Film der Marx Brothers bedeutete ihr vorläufiges Ende. Paramount wollte nichts mehr mit ihnen zu tun haben und gab zu verstehen, daß man an einem neuen Vertrag nicht interessiert sei. Zeppo nahm dies zum Anlaß, endgültig mit der Schauspielerei Schluß zu machen und das Team zu verlassen. Er eröffnete eine Agentur, in die später auch Gummo eintrat, so daß die Marx Brothers die Marx Brothers managten.

Kurze Zeit erwog auch Groucho, das aktive Showbusiness an den Nagel zu hängen und in die Agentur überzuwechseln. Ein neuer Filmvertrag stand nicht in Aussicht, Theaterpläne schlugen fehl, und sein Privatleben war alles andere als erfreulich. Ruth, die ständig als Ehefrau wie als Mutter unterdrückt worden war, hatte Zuflucht im Alkohol gefunden. Der Drehbuchautor Norman Krasna, ein langjähriger Freund Grouchos, der gleichwohl nie für die Brothers gearbeitet hat, bemerkte: »Damit waren Grouchos goldene Jahre endgültig dahin. Von nun an gab es nie wieder ein friedliches Zuhause für ihn.«

Mit seinen 35 Jahren galt Irving Thalberg, der Produktionschef von Metro-Goldwyn-Mayer (MGM) noch immer als Hollywoods Wunderkind. Da er ein leidenschaftlicher Bridgespieler war, konnte es kaum ausbleiben, daß er Chicos Bekanntschaft machte. Als dieser ihm erzählte, daß Paramount gerade eine Vertragsverlängerung abgelehnt hatte, zeigte er sich interessiert, zumal er zu wissen glaubte, warum *Duck Soup* kein Erfolg beschieden war: »Männer können mit euren Komödien etwas anfangen, Frauen aber nicht. Sie haben kein Verständnis für eure Art von Humor, darum müssen wir sie mit einer Liebesgeschichte versorgen.«

Überdies gab er den Brothers zu verstehen, daß sie von Filmkomödien kaum Ahnung hätten. Das Grundübel war seiner Meinung nach, daß sie reichlich unsympathische Typen spielten, die beim Publikum nicht ankämen.

»In unseren frühen Filmen«, sagte Groucho später, »waren wir übermütig lustige Gesellen, die die Sitten und Gebräuche unserer Zeit über den Haufen warfen. Der Grund, warum wir von unserem anarchistischen Humor abließen, um halbwegs liebenswert zu werden, war eine schlichte Frage des Geldes.«

Nun, abgelassen von ihrem anarchistischen Humor haben die Marx Brothers nie, der war schließlich ihr Markenzeichen. Und ob sie liebenswerte Personen darstellten oder nicht, war kaum entscheidend, da sie die Sympathien des Publikums gewannen, indem sie dessen Feinden, den Autoritäten also, übel mitspielten.

Zunächst aber hatte Thalberg noch mit einigen Schwierigkeiten zu kämpfen: Studiochef Louis B. Mayer hielt nicht allzuviel von den Brothers und meinte, sie seien nicht würdig, in die Riege erlesener MGM-Mimen, zu der Greta Garbo, Clark Gable und Spencer Tracy zählten, aufgenommen zu werden. Nachdem Mayers Widerstand gebrochen war, fiel Thalberg die unerquickliche Aufgabe zu, mit den Marxens einen Vertrag auszuhandeln. Zu seiner Überraschung erfuhr er nun, daß Zeppo nicht mehr dabei war, und er fragte höflich nach, ob sich die Resttruppe mit einer geringeren Gage zufrieden geben würde.

»Machen Sie sich nicht lächerlich«, sagte Groucho barsch, »ohne Zeppo sind wir doppelt soviel wert.«

Den Brothers wurden 15 Prozent der Einnahmen zugestanden, wobei MGM keinerlei Produktions- oder sonstige Kosten in Rechnung stellen durfte. Das war ungewöhnlich großzügig, zumal ja *Duck Soup*, finanziell gesehen, ein totaler Flop gewesen war. Am 19. September 1934 wurde der Vertrag unterschrieben.

Doch schon bald gab es neue Schwierigkeiten. Thalberg hatte einen James Kevin McGuinness beauftragt, eine Story zu entwickeln, in der es um das Wohl und Wehe einer Operntruppe geht. Gags und komische Dialoge sollten später von anderen Autoren eingearbeitet werden. Die Brothers konnten mit dem ursprünglichen Drehbuch nichts anfangen, fanden die Operngeschichte nicht komisch.

»Ich will auch gar keine komische Geschichte«, sagte Thalberg. »Beschränken wir uns auf eine gute, einfache Geschichte, an die wir die komischen Szenen hängen können. Man kann nicht eine Komödie auf eine Komödie bauen.«

Selbst nachdem Morrie Ryskind und später George S. Kaufman die Story mit allerlei komischen Szenen und Dialogen angereichert hatten, blieben die Brothers skeptisch.

»Unsere ersten beiden Filme waren gut, weil wir die Gags vielhundertmal auf der Bühne gespielt hatten«, sagte Groucho. Offenbar war ihm entfallen, daß er *The Cocoanuts* einst hatte zurückkaufen wollen. »Die drei anderen Filme waren weniger gut, weil wir nie wußten, ob die Gags ankommen würden. Auch bei diesem Film wissen wir es nicht.«

Thalberg schlug vor, ausgewählte Szenen des Drehbuchs zu einer Life-Show zu verarbeiten und in Vaudeville-Theatern zu testen. Die Tournee wurde am 13. April 1935 in Salt Lake City eröffnet und zog dann zu jeweils einwöchigen Gastspielen nach Seattle, Portland und San Francisco. Mit von der Partie waren die Drehbuchautoren und deren Assistenten. Täglich fanden fünf Vorstellungen zu je fünfzig Minuten statt, wobei ständig Gags und Dialogpointen ausgetauscht und auf ihre Wirksamkeit geprüft wurden. Die Assistenten saßen mit Stoppuhren in einer Loge und führten genau Buch über die Dauer des Publikumgelächters.

Wider Erwarten kam die Kabinenszene nicht an. Die Autoren wollten sie also ganz fortlassen, aber Thalberg legte telephonisch sein Veto ein: »Die Szene bleibt drin. Wenn sie auf der Bühne nicht wirkt, heißt das noch lange nicht, daß sie auch im Film ihre Wirkung verfehlt.« – Wie recht er hatte, wissen wir heute. Die Kabinenszene ist nicht nur die komischste Szene aller Marx-Brothers-Filme, sondern eine der komischsten der Filmgeschichte überhaupt.

Nachdem Thalberg seine Anweisung erteilt hatte, wurde noch während der Tournee verzweifelt an der Kabinenszene weitergebastelt, aber der Lacherfolg blieb weiterhin aus. Da hatte Chico eine Idee: Während Groucho vor der Kabinentür beim Steward ein mehrgängiges Mahl ordert, ruft Chico nach jeder Bestellung aus der Kabine: »Und zwei hartgekochte Eier«, wobei Harpo seine Ballonhupe ertönen läßt. Das Publikum brüllte vor Lachen, die Szene war gerettet. Warum

Filmfoto aus: A Night at the Opera

nun ausgerechnet dieser Gag das Eis brach, vermochten selbst die Brothers nicht zu erklären.

Ebenso unerklärlich bleibt, warum Thalberg den drögen Sam Wood beauftragt hatte, die Regie zu übernehmen. Der stockkonservative, humorlose Wood war natürlich ein leichtes Opfer der »practical Marxjokes«. So erhielt er – die Dreharbeiten waren in vollem Gang – eines Nachts ein Telegramm folgenden Inhalts: »Haben beschlossen, einen kurzen Urlaub in Honolulu zu machen. Hoffen, in einem Monat zurück zu sein. Groucho, Harpo, Chico.« Wood las das Telegramm an der Haustür und wurde blaß. Da riß sich der Telegrammbote den aufgeklebten Bart vom Gesicht. Der Bote war Chico.

Wieder einmal drohte Wood, den Krempel hinzuschmeißen, und nur Thalbergs Überredungskünste konnten ihn halten.

Nach einer katastrophalen inoffiziellen Uraufführung im November 1935, während der das Publikum mehr gähnte als lachte, setzte sich Thalberg mit seinem Cutter William Le Vanway zu einer dreitägigen Dauersitzung zusammen, um den Film zu kürzen und ihm seine endgültige Form zu verleihen.

A Night at the Opera wurde nicht nur einer der größten Filmhits des Jahres, sondern galt schon bald als bedeutender Komödienklassiker der frühen Tonfilmära.

Verständlich, daß MGM diesen Erfolg mit einem neuen Marx-Brothers-Film zu wiederholen trachtete. Freilich war dadurch von Anfang die Gefahr eines bloßen Aufgusses gegeben. Und tatsächlich ist *A Day at the Races* in Aufbau und Dramaturgie dem Opernfilm recht ähnlich, ohne diesen jedoch qualitativ zu erreichen. Mit seinen 109 Minuten ist er der längste Film der Brothers, und der Kritiker Steven H. Scheuer liegt sicher nicht falsch, wenn er meint, daß man bei einigen Szenen »verzweifelt nach einem Cutter betet«.

Dennoch – Groucho, der einen Pferdedoktor spielt, hat

hier ein paar seiner komischsten Auftritte. Erinnert sei nur an die Szene, in der er einem siechen Gaul eine Pille reicht und sagt: »Nehmen Sie eine davon jede halbe Meile, und rufen Sie mich an, wenn sich Ihr Zustand ändert.«

Wieder wurde eine frühe Fassung des Drehbuchs auf einer Tournee getestet; diesmal erhielt jeder Zuschauer einen Fragebogen mit der Bitte, die seiner Ansicht nach stärksten und schwächsten Szenen der Show zu vermerken. Insgesamt wurden 30000 Fragebogen verteilt.

Bei dem üblichen Gagtestverfahren stellte sich heraus, daß Pointen nicht ankommen, wenn sie in Frageform formuliert werden. Als Groucho einem Patienten den Puls fühlte und sagte: »Ist er tot, oder ist meine Uhr stehengeblieben?«, lachte niemand. Als es dann hieß: »Entweder ist er tot, oder meine Uhr ist stehengeblieben«, war das jedesmal ein großer Lacherfolg. Die Ursache dieser unterschiedlichen Reaktionen war bald ermittelt, das Publikum empfindet eine Frage als Vorbereitung zu einer Pointe und wartet vergeblich auf eine witzige Antwort.

Endlos hatte es übrigens gedauert, bis ein möglichst lächerlicher Name für den Pferdedoktor gefunden worden war. Schließlich hatte man sich auf Dr. Quackenbush geeinigt. Da meldete sich während der Tournee die Rechtsabteilung von MGM und forderte eine Änderung – man habe in den USA nicht weniger als 37 Ärzte dieses Namens ausgemacht und befürchte eine Prozeßlawine. Groucho war wütend: »Sollen *die* doch ihre Namen ändern, wenn es ihnen nicht paßt«, tobte er. Es half nichts, Groucho hieß ab sofort Dr. Hackenbush. Dieser Name gefiel ihm dann so gut, daß er damit später sogar Briefe unterschrieb und sich so am Telephon meldete.

Noch besser als sein neuer Name gefiel Groucho allerdings dann Maureen O'Sullivan, die erst während der Dreharbeiten zu der Truppe stieß und das unschuldige Mädchen spielte. Selbst wenn die Schauspielerin nicht verheiratet gewesen wäre, hätte er keine Chance gehabt. »Ich wußte, daß er in mich verknallt war«, berichtete sie. »Aber er war nicht mein Typ. Ich mag komische Männer nicht... zumindest nicht die Sorte, die pausenlos Witze reißt. Groucho hörte nie auf, den ganzen Tag lang nicht. Wir gingen zusammen essen. Nach einer Weile hatte ich das Gefühl, daß mein Gesicht Risse bekommt. Nach drei Tagen hatte ich die Nase voll. Ich sagte: ›Bitte, Groucho, hör auf! Laß uns ein nettes, ganz normales Gespräch führen.‹ Groucho konnte überhaupt nicht normal reden. Er lebte für seine Witze.«

Trotz der überaus erfolgreichen Tournee wurde weiterhin fieberhaft an dem Drehbuch gearbeitet. Immer wieder mußte der Drehbeginn verschoben werden. Am 3. September 1936 war es endlich soweit. Sofort lagen sich Groucho und Regisseur Sam Wood wieder in den Haaren. Hauptstreitpunkt war, wie schon bei dem vorigen Film, daß Wood jede Szene stur zwanzig bis dreißig Mal drehen ließ. Noch Jahre später hatte Groucho nichts als Verachtung für Sam Wood übrig: »In seinem ganzen Leben hatte er keinen einzigen originellen Gedanken.«

Das Kriegsbeil wurde kurzfristig begraben, da die Truppe und MGM und ganz Hollywood plötzlich ein furchtbarer Schicksalsschlag traf: am 14. September starb Thalberg, erst 37 Jahre alt. (F. Scott Fitzgerald hat ihm in seinem letzten Roman *Der letzte Tycoon* ein Denkmal gesetzt.)

Die alternden Marx Brothers ahnten, daß mit dem Tod Thalbergs ihre Glanzzeit so gut wie abgelaufen war. Zwar spielte der im Juni 1937 uraufgeführte *A Day at the Races* vier Millionen Dollar ein, doch hatten sie fortan niemand mehr, der von ihren genialen Fähigkeiten überzeugt, und an großen Filmkomödien mit ihnen interessiert war. Die aufwendigen Vaudeville-Tourneen wurden vorerst gestrichen, im Moment galt nur noch die Maxime: Hauptsache das Geld fließt!

Diese Einstellung sollte sich schon beim nächsten Film als Schuß nach hinten erweisen. Die RKO-Komödie *Room Service* (1938) gilt gemeinhin als das schwächste aller Marx-

Brothers-Werke. Nicht ganz zu Recht, wie ich meine. Denn im Gegensatz zu dem ein Jahr später, wieder bei MGM entstandenen, *At the Circus*, bildet hier wenigstens die Szenerie, ein stinkfeines Hotel nämlich, jene Umgebung, in der sich die anarchistische Komik der Marxens entfalten konnte. Dennoch bleibt unverzeihlich, mit welcher Nachlässigkeit RKO das Projekt anging. So hielt man es nicht einmal für nötig, extra ein Drehbuch anfertigen zu lassen. Man kaufte lediglich die Filmrechte an dem Broadway-Hit *Room Service* von John Murray und Allen Boretz und beauftragte Morrie Ryskind, der schon maßgeblich an den Drehbüchern zu *The Cocoanuts*, *Animal Crackers* und *A Night at the Opera* mitgearbeitet hatte, das Ganze ein wenig Marx-gerechter zu gestalten. Das Ergebnis war ein mittelmäßiger, aber immerhin sehenswerter Film.

Den Niedergang der Marx Brothers erklärt der Filmessayist Joe Adamson mit dem allgemein nachlassenden Interesse des amerikanischen Publikums an Komödien und seinem erwachenden Interesse für Melodramen. Man könnte auch andersherum argumentieren: Wenn selbst eine Firma wie MGM – die die Marx Brothers nun für drei weitere Filme verpflichtet hatte – nichts Besseres als *At the Circus* bieten konnte, blieb dem Publikum kaum etwas anderes übrig, als sich düsteren Schicksalstragödien zuzuwenden.

At the Circus war ein magerer Erfolg, was MGM nicht abhielt, sofort das nächste Projekt in Angriff zu nehmen. Laurel & Hardy hatten mit ihrer Westernparodie *Way Out West* 1937 bei MGM Furore gemacht, und man wollte nach diesem Strickmuster nun noch einmal verfahren.

Was Groucho von *Go West* und ein paar anderen Filmen hielt, beschrieb er in einem Brief an Arthur Sheekman:

»Die Jungens im Studio haben ein neues Fiasko für uns vorbereitet, und alles spricht dafür, daß wir in drei oder vier Wochen mit den Dreharbeiten anfangen werden. Ich freue mich nicht darauf, aber bringen wir es halt hinter uns. Ich habe neulich den letzten Film [*At the Circus*] gesehen und habe mir nicht viel daraus gemacht. Ich weiß, daß ich befangen bin, aber mir hängt das Ding irgendwie zum Hals raus, und als ich das Kino verließ, habe ich geschworen, diesen Film nie wieder anzusehen. Ich denke nicht über alle unsere Filme so: *A Night at the Opera* habe ich mir beispielsweise immer gerne angesehen und bis zu einem gewissen Grad auch *A Day at the Races*, aber der Rest widert mich an, und ich werde dem Zeug künftig aus dem Wege gehen.«

Um ein Desaster wie *At the Circus* zu vermeiden, gingen die Brothers erst mal wieder auf Tournee. In 103 Aufführungen wurde die Komödie vor einem Lifepublikum ausprobiert. Davor und danach fanden unendliche Manuskriptbesprechungen mit Drehbuchautor Irving Brecher statt, der sich wie folgt erinnert: »Die meisten Sitzungen fanden mit Groucho statt. Harpo verließ sich auf Grouchos Urteil und konnte sich ganz auf seine eigenen Szenen konzentrieren. Chico war mit jedem Film einverstanden, wenn nur das Geld stimmte.«

Aber Groucho schrieb Sheekman im März 1940:

»Es ist wirklich unglaublich, was man alles an Sitzungen, Diskussionen und Streitereien durchmachen muß, ehe so ein Mist fertig ist! Würde ich das alles ernst nehmen, hätte ich mich wahrscheinlich schon umgebracht, aber sobald ich das Studio verlassen habe, verschwindet alles im Nebel des Bedeutungslosen, und ich spiele Gitarre und denke an andere Dinge.«

Unbegreiflicherweise wurden wieder in letzter Sekunde, wie schon bei früheren Filmen, einige der witzigsten Dialogstellen eliminiert. Etwa Grouchos: »Warten Sie nur, bis Ihre Frau davon erfährt!« – »Ich habe keine Frau.« – »Die Glückliche!« Begreiflicherweise waren Publikum und Kritik von *Go West* nicht gerade überwältigt. (Nur ein einziger Marx-Brothers-Fan hielt ihn für den besten aller ihrer Filme – der Dichter T. S. Eliot.)

MGM und die Brothers hatten nun noch einen letzten Vertrag zu erfüllen, und es hat den Anschein, als wollten alle Beteiligten sich möglichst rasch ihrer Verpflichtungen entledigen. Kein Mensch dachte auch nur daran, *The Big Store* erst einmal während einer Theatertournee auf Wirksamkeit abzuklopfen.

Am 11. März 1941 schrieb Groucho an Arthur Sheekman:

»Nächste Woche fangen wir mit unserem Film an, und er ist hundsmiserabel! Meiner Gemütsverfassung ist es nur förderlich, daß dies einen Schlußstrich unter meine Karriere als Marx Brother zieht.«

Wer die Brothers im Studio beobachtete, konnte kaum übersehen, daß sie nicht mehr so recht bei der Sache waren. Bei Chico war das zwar nie anders gewesen, doch Groucho nutzte nun die Drehpausen nicht mehr, um an den Dialogen zu tüfteln, sondern um sich in die Lektüre von Ambrose Bierces *Wörterbuch des Teufels* zu vertiefen, während Harpo jede freie Stunde auf dem Golfplatz verbrachte.

In einem Interview bekannte Groucho: »Wir haben es satt, immer wieder dieselbe alte Geschichte abzuspulen – selbst wenn sie ein rauschender Erfolg ist. Elf Filme in zwölf Jahren, mehr kann kein Mensch ertragen, uns eingeschlossen.«

Von den Eröffnungsszenen abgesehen, ist *The Big Store* mit seiner dümmlichen Story und seinem verkrampften Humor streckenweise einigermaßen peinlich. Vor allem krankt der Film, wie auch schon die vorigen, an dem Charakterwandel der Marx Brothers von respektlosen Anarchisten zu halbwegs liebenswerten Jungens, die für eine gute und gerechte Sache kämpfen. Das führte ihnen zwar viel neue Fans zu, vergraulte aber die alten.

Durch jahrelange Demütigungen hatte Groucho es auch geschafft, seine Frau zu vergraulen. Die schlimmsten Demütigungen mußte Ruth sich gefallen lassen, wenn Groucho Gäste zum Abendessen hatte, was mehrmals wöchentlich der Fall zu sein pflegte. Ständig riß er Witze auf Ruths Kosten. Er nahm einen Bissen und fragte sie beispielsweise: »Welches Gefängnis hat dir dieses Rezept verraten?«

Chicos Tochter Maxine schreibt in ihren Erinnerungen: »Ich kann mich an einen Abend in ihrem Haus erinnern. Wir setzten uns, und die Suppe wurde aufgetragen. ›Ich wette, daß die Suppe in einem Konzentrationslager besser ist‹, sagte Groucho, ohne Ruth anzusehen. So ging das bei jedem Gang. Alle lachten, außer Ruth. Dabei hatte Groucho das Essen bis ins kleinste Detail vorbereitet und sogar den Koch engagiert!«

Ruth, im Grunde ein schlichtes Gemüt, hatte nie eine Chance gehabt, neben ihrem Mann zu bestehen. Sie teilte weder seine Interessen noch machte sie sich etwas aus seinem schlagfertigen Humor noch konnten sie die zahlreichen berühmten Gäste beeindrucken. Ihr eigentliches Zuhause wurde allmählich ihr Tennisclub, wo sie beliebt war und freundlich behandelt wurde, wo sie Männer fand, die ihr kurzfristig das zu schenken vermochten, was Groucho ihr vorenthielt. Der wußte davon und gestand es ihr zu, allerdings mit der Bitte, dabei möglichst diskret zu verfahren. »Du gehst deine Wege und ich gehe meine, aber laß uns verheiratet bleiben«, sagte er ihr. Schließlich aber konnte sie beim besten Willen keinen Sinn mehr darin sehen, die Ehe weiter aufrechtzuerhalten. Am 22. Juni 1942 reichte sie die Scheidung ein »wegen physischer und seelischer Grausamkeit«.

Noch Jahre später konnte sich Groucho über Ruths Behauptung erregen, er habe sie körperlich mißhandelt. Doch dann rutschte ihm einmal diese Bemerkung raus: »Ich habe nie eine Frau geschlagen, außer in Notwehr.« – Gegen den Vorwurf der seelischen Grausamkeit hatte er sich offenbar nicht gewehrt, wenn er auch daran festhielt, daß er keinerlei Verantwortung für Ruths zunehmenden Alkoholismus trage. Daran seien einzig die Prohibitionsgesetze schuld, beharrte er, wobei er übersah, daß die Prohibition bereits Anfang 1933 aufgehoben worden war.

In den Monaten während und nach der Scheidung war Groucho noch launischer und unausstehlicher als gewöhnlich. Maxine, die den Sommer und Frühherbst im Hause ihres Onkels verbrachte, legt davon beredtes Zeugnis ab:

»Im Oktober hatte Groucho Geburtstag, also ging ich zu einem der besseren Herrenausstatter und kaufte ihm drei teure Krawatten. Als er mein Geschenk öffnete, warf er einen Blick auf die Krawatten und schmiß sie auf mich.

›Solche Krawatten trage ich nie.‹

Ich rannte in die Küche und heulte.

Seine derzeitige Freundin empörte sich: ›Wie konntest du nur?!‹

Nach dieser Zurechtweisung rief mich Groucho herbei. Mir die Nase putzend und die Tränen wischend, kehrte ich in das Frühstückszimmer zurück. Er kämpfte ein wenig mit sich und sagte schließlich: ›Du bringst diese Dinger besser zurück. Danke, daß du an mich gedacht hast.‹

Etwa eine Woche später traf glücklicherweise meine Mutter ein. Wenn es irgend jemand mit Groucho aufnehmen konnte, dann sie. Mutter fackelte nicht lange. ›Ich möchte, daß du sofort deine Sachen packst und dich zur Abreise fertig machst.‹

›Warum diese Eile?‹ fragte ich.

›Weil dein Onkel ein paar schreckliche Dinge über dich geäußert hat. Ich habe ihm meine Meinung gesagt, und nun bin ich gekommen, um dich hier rauszuholen.‹

›Was hat er gesagt?‹

›Er sagte, du seist faul... du seist ein Parasit. Ich weiß nicht, dummes Zeug... du seist ein schlechter Umgang für Miriam.‹

›Das hat er gesagt?‹

›Und noch Schlimmeres. Komm, laß uns gehen.‹ Mutter brach in Tränen aus. Ich hatte sie nur selten weinen sehen.

Wie hatte er derlei sagen können? Ich hatte mir alle Mühe gegeben, liebenswürdig zu sein. Ich hatte immer mein Zimmer aufgeräumt und im Haushalt geholfen. Ich war völlig verwirrt. Groucho war es gelungen, mich zu verjagen – wie fast alle, die ihm nahestanden. Seine Brüder waren die einzigen Menschen, die keine Angst vor ihm hatten.«

Grouchos Entschluß, keine Filme mehr zu drehen und die Marx Brothers als Team aufzulösen, war durch den mäßigen Erfolg von *The Big Store* bekräftigt worden. Trotz erheblicher finanzieller Einbußen durch seine Scheidung hätte er es sich ohne weiteres leisten können, nun in den Ruhestand zu treten. Wenn er sich dennoch sofort wieder nach neuen Aufträgen umsah, dann nicht so sehr, weil er unbedingt arbeiten wollte, sondern weil er ein Publikum brauchte, und ein Publikum brauchte er, weil er keinen Tag ertrug, an dem nicht jemand über seine Witze lachte. Der Lacherfolg, ob privat oder öffentlich, war seine Droge. Und seine Beschaffungskriminalität bestand darin, sich buchstäblich um jeden Preis und allzeit mit einem Publikum zu umgeben. So erklärt sich auch, warum ein notorischer Geizhals wie Groucho ständig lukullische Dinnerparties schmiß. George Fenneman, sein Assistent der späteren Quizsendung *You Bet Your Life*, litt geraume Zeit darunter, daß Groucho pausenlos Witze auf seine Kosten riß. Schließlich fiel ihm auf, daß Groucho ausgesprochen freundliche und sanfte Umgangsformen an den Tag legte, wenn sie alleine waren; sobald aber eine dritte Person hinzukam, wurde er wieder Zielscheibe beleidigender Bonmots. Fenneman verstand allmählich, daß es nicht gegen *ihn* ging, daß die Opfer austauschbar waren, daß *jeder* Opfer wurde, selbst wenn Groucho nur ein Einpersonenpublikum hatte.

Schnell machte das Wort die Runde, daß einer der größten und geistreichsten Komiker seiner Zeit dem Film den Rücken gekehrt hatte, ansonsten aber zur Verfügung stand. Ausgerechnet eine Brauerei lockte den Antialkoholiker Groucho mit einem Angebot: für 2500 Dollar pro Woche jeden Samstagabend im Radio den unbestrittenen Star in der Halbstundensendung *Blue Ribbon Town* zu spielen. Die Show lief erstmalig im Frühjahr 1943 und erfreute sich bald großer Beliebtheit, wurde aber etwa ein Jahr später wegen persönlicher Differenzen zwischen Groucho und seinen Sponsoren wieder abgesetzt.

Tochter Miriam hatte es sich zur Gewohnheit gemacht, nach jeder Sendung ihren Vater und die anderen Künstler hinter der Bühne zu besuchen. So lernte sie auch den Entertainer Leo Gorcey und seine Frau Kay kennen. Diese wollte ihren jähzornigen und prügelnden Mann verlassen, wußte aber nicht, wo sie Zuflucht suchen konnte. Miriam überredete Groucho, die Frau bei sich aufzunehmen. Kays Ehe wurde geschieden, und am 21. Juli 1945 heiratete sie den 30 Jahre älteren Groucho.

Da die ersehnte Rundfunkkarriere vorläufig stagnierte und die gelegentlichen Gastauftritte in diversen Theatern Groucho nicht ausfüllten, fiel es United Artists nicht allzu schwer, ihn zu einem neuen Film zu überreden. Auch Harpo hatte nichts dagegen und der ständig von Spielschulden gepeinigte Chico ohnehin nicht. Die Idee war, eine Parodie auf den drei Jahre zuvor bei Warner Brothers herausgekommenen Film *Casablanca* zu drehen. Als Warner Brothers erfuhr, daß das neue Marx-Brothers-Werk *A Night in Casablanca* heißen sollte, wurden gerichtliche Schritte angekündigt. Komischer als die Persiflage selbst geriet Grouchos Brief, der diese Drohung der Lächerlichkeit preisgab:

»Liebe Warner Brothers,
anscheinend gibt es mehr als nur einen Weg, eine Stadt zu erobern und sie in seinem Besitz zu halten. Ich hatte z. B. bis zu dem Zeitpunkt, als wir unsere Absicht kundtaten, diesen Film zu drehen, keine Ahnung, daß die Stadt Casablanca im ausschließlichen Besitz der Warner Brothers ist. Einige Tage

nachdem dies jedoch veröffentlicht wurde, erhielten wir bereits Ihr langes und unheilvolles juristisches Dokument, mit dem wir davor gewarnt wurden, den Namen Casablanca zu verwenden. [...]

Ich kann Ihre Haltung nicht verstehen. Sollten Sie beabsichtigen, Ihren Film neu aufzuführen, so bin ich sicher, daß jeder durchschnittliche Kinogänger bald den Unterschied zwischen Ingrid Bergman und Harpo bemerkt haben wird. Ich weiß zwar nicht, ob ich dazu fähig wäre, würde es aber auf jeden Fall gern versuchen.

Sie behaupten, der Name Casablanca gehöre Ihnen und niemand dürfe ihn ohne Ihre Erlaubnis benutzen. Wie verhält es sich denn mit dem Namen *Warner Brothers*? Haben Sie auch hierüber das ausschließliche Verfügungsrecht? Sie haben vielleicht das Recht, den Namen Warner zu führen, wie aber steht es mit *Brothers*? Berufsmäßig waren wir Brüder, lange bevor Sie es waren. Wir waren unter dem Namen Marx Brothers bereits bekannt, als das Vitaphon noch eine Idee in seines Erfinders Hirn war, und vor uns gab es bereits andere Brüder – die Brüder Schmitt, die Brüder Karamasow, die Dan Brothers sowie das Sprichwort ›Bruder, kannst du mir was pumpen?‹ (Ursprünglich hieß es ›Brüder, könnt ihr mir was pumpen?‹, doch da es ergiebiger war, jeden einzeln anzupumpen, sagte man bald: ›Bruder, kannst du mir was pumpen?‹) [...]«

Als der Film im Mai 1946 in die Kinos kam, standen die Leute zunächst Schlange, doch trotz einiger recht guter Kritiken, ließ die Anfangsbegeisterung bald nach. Heute pflichten wir wohl eher jenen Zeitungen bei, die *A Night in Casablanca* nicht viel abgewinnen konnten. So schrieb die *New York Times* nach der Uraufführung: »Eigentlich sollte die Welt heute früh merklich glücklicher sein, da die Marx Brothers wieder zur Leinwand zurückgekehrt sind. Aber die traurige Wahrheit ist, daß diese elende Welt nicht viel fröhlicher als am, sagen wir, Freitag ist.«

Die traurige Wahrheit ist auch, daß es sich die Marx Brothers nicht verkneifen konnten, diesem letzten Film drei Jahre später noch einen allerletzten folgen zu lassen. Ursprünglich war geplant, *Love Happy* allein auf Harpo zuzuschneiden, doch ließen sich Chico und Groucho später überreden, ebenfalls mitzuwirken. In Programmzeitschriften und Kinowerbungen wird inzwischen gerne mit der Behauptung gelockt, Marilyn Monroe habe in *Love Happy* ihre erste Minirolle gehabt, und recht prahlerisch heißt es zuweilen sogar: »Der Film, der Marilyn Monroe entdeckte.« Der Wahrheit entspricht das nicht so ganz. Es war ihre dritte Minirolle.

Aber das ist unwichtig. In *Love Happy* verabschiedeten sich jedenfalls drei Filmlegenden von der Leinwand, und ein kleines Starlet ahnte wohl noch nicht, daß es in nicht allzu ferner Zukunft ebenfalls eine Filmlegende werden sollte.

Quizmaster

Im August 1946 kam Grouchos und Kays Tochter Melinda zur Welt, und sofort wurde Säuglingspflege wieder Grouchos Hauptbeschäftigung. Er brachte es fertig, wichtige Verhandlungen, in denen es immerhin um seine berufliche Zukunft ging, abzubrechen und nach Hause zu fahren, um Melinda zu baden und zu Bett zu bringen. Der jungen Mutter blieb so gut wie nichts zu tun, zumal sich Groucho auch um den Haushalt kümmerte und sogar selbst einkaufen ging. Als er gefragt wurde, ob er fürchte, Kay sei unfähig, die besten Waren auszuwählen und zu kaufen, antwortete er: »Von dem Taschengeld, das ich ihr gebe, könnte sie das gar nicht.«

Offensichtlich hatte er aus den Fehlern, die zum Scheitern seiner ersten Ehe führten, nichts gelernt. Und die Rolle seiner Frau bei den abendlichen Dinnerparties – wie gehabt. Nur daß die Kindfrau Kay damit noch weniger fertig wurde als Ruth. Allerdings gab sich Groucho redlich Mühe, Kay zu überreden, ihre kaum angefangene Bühnenkarriere fortzusetzen, und sie in die glanzvolle Gesellschaft Hollywoods einzuführen. Kay zeigte sich jedoch desinteressiert, sie wollte lediglich Hausfrau und Mutter sein, was wiederum Groucho nicht zuließ. Bei seiner Arbeit, ob Theater, Film oder Radio, war er zu Kompromissen bereit, nicht aber wenn es um Fragen des Haushalts ging. Und so gab es Streit wegen der lächerlichsten Kleinigkeiten. Einmal schrie er sie wegen irgendeiner Küchenlappalie coram publico an: »Wenn du nicht die Klappe hältst, werfe ich dich in die Gosse zurück, aus der du gekommen bist.«

Egal wie beklemmend und vergiftet sein Privatleben war, ob nun selbstverschuldet oder nicht, nie litt Grouchos Arbeit darunter. Der heftigste Streit, die aufzehrendsten Sorgen

konnten ihn nicht daran hindern, vor der Kamera oder dem Mikrophon der bestgelaunte und witzig-schlagfertigste Komödiant zu sein.

Im April 1947 trat Groucho in einer Radioshow mit Bob Hope auf. Während dieser Lifesendung hielt sich Bob Hope plötzlich nicht mehr an das vorgegebene Skript und fing zu improvisieren an; Groucho ging sofort darauf ein, und die beiden Männer lieferten sich einen derartig komischen Dialog, daß die Sendezeit überzogen werden mußte.

Im Publikum saß der Rundfunkproduzent John Guedel. Nach der Sendung stellte er sich Groucho vor und fragte, ob er Lust hätte, eine eigene Quizshow zu moderieren, in der er auf ähnliche Weise mit den Kandidaten improvisieren könne? Groucho zeigte sich interessiert, doch dann kamen ihm Zweifel: »Ich bin nicht der Typ des Quizmasters. Die sehen alle gleich aus, wie Schaufensterpuppen.«

Aber Guedel gab nicht auf und arbeitete ein Konzept aus. Zunächst wollte keine Rundfunkstation etwas von dieser neuen, ungewöhnlichen Quizsendung wissen, die sich schließlich als ein 14jähriger Dauerrenner – erst im Hörfunk, dann im Fernsehen – erweisen sollte, und Groucho von einem sehr wohlhabenden zu einem sehr reichen Mann machte.

Nachdem endlich ein Sender und die Sponsoren gefunden waren, sah sich Guedel einer neuen Schwierigkeit konfrontiert: Groucho wollte – es waren Lifesendungen vor einem Publikum geplant – in seiner üblichen Filmverkleidung auftreten. Es kostete einige Mühe, ihn zu überreden, von seinem aufgemalten Schnurrbart Abschied zu nehmen und sich einen echten wachsen zu lassen und obendrein einen schlichten Straßenanzug zu tragen.

Noch ehe die erste Sendung von *You Bet Your Life* im Oktober 1947 ausgestrahlt wurde, nahm man von der Idee einer Lifeshow wieder Abstand, was die Radiohörer jedoch nicht erfahren sollten. Man fürchtete, Grouchos loses Mundwerk könnte Hörer und Sponsoren verschrecken. Und das, obwohl die Sendungen – auch das eine Abweichung vom ursprünglichen Konzept – von Gagwritern drehbuchartig vorbereitet worden waren. Einem Individuum wie Groucho durfte man nicht über den Weg trauen. Schon längst war ja die Zeit vorbei, da schlüpfrige und allzu aufmüpfige Frechheiten gefragt waren. In den USA herrschte damals eine Atmosphäre, gegen die sich die miefige Adenauer-Ära wie das reinste Sodom und Gomorrha ausnahm. Gegen ein paar Respektlosigkeiten hatte man freilich nichts – immerhin hieß der Quizmaster Groucho Marx – aber sicherheitshalber ließ man die hauseigenen Zensoren walten.

Dieser Konzeption kam Grouchos geradezu unglaubliche Fähigkeit zustatten, vorgefertigte Texte von Tafeln abzulesen und dabei den Eindruck zu erwecken, es handele sich um improvisierte, schlagfertig hingeworfene Antworten, was bei den ersten Sendungen überhaupt nicht und bei den späteren nur gelegentlich der Fall war. Man darf mit Fug und Recht sagen, daß das Publikum hier fast eineinhalb Jahrzehnte – erst im Radio, dann im Fernsehen – genasführt wurde.

Was *You Bet Your Life* von den üblichen Sendungen dieses Genres unterschied – abgesehen davon, daß der Quizmaster eine Berühmtheit war, nicht wie eine Schaufensterpuppe aussah und über einen deutlich höheren IQ als seine Kollegen verfügte – war der Aufbau. Das Vorstellen der Kandidaten, der Dialog mit dem Quizmaster war der eigentliche und längste Teil der Sendung, während das Quiz dann fast nur noch marginalen Charakter hatte. George Fenneman fiel die Aufgabe zu, das Publikum vor der Sendung, oder besser, vor der Aufzeichnung der Sendung »anzuheizen«, mit allerlei Späßen in gute Laune zu versetzen; dann kündigte er Groucho an, dem er wiederum den ersten von insgesamt drei Kandidaten vorstellte. In dem nun folgenden Dialog war Groucho von Herzen bemüht, seinen Gast auf witzige und nicht allzu verletzende Weise zu beleidigen. Die Fragen drehten sich fast immer um Beruf, Alter und Familie, die Gagwriter holten Tage vor der Sendung die Antworten der Kandidaten ein und dachten sich die meisten Erwiderungen Grouchos aus, die dieser dann von Cuecards ablas. (Welche Pointen und Frechheiten von den Autoren und welche von Groucho stammten, läßt sich heute nicht mehr feststellen, was niemanden hindern soll, sich der zahlreichen Beispiele im Anhang zu erfreuen.) *You Bet Your Life* war ein Vorläufer der gut zehn Jahre später aufkommenden Talkshows.

Bereits im April 1949 wurde Groucho mit dem begehrten *Peabody Award* zum besten Radioentertainer der Nation gekürt, obwohl seine Sendung auf der Liste der Einschaltquoten nur an 75. Stelle stand. Doch schon im September hatte er sich Platz sieben erobert. Nun war die Übernahme durch das Fernsehen freilich nur noch eine Frage der Zeit.

Fast diametral zum Aufstieg in seiner neuen Karriere verfiel das häusliche Glück. Sohn Arthur hatte seine vielversprechende Laufbahn als Tennisprofi an den Nagel gehängt und beschlossen, Schriftsteller zu werden, was Groucho nicht billigen konnte, da dies – noch immer – sein eigener Traumberuf war. Wohl darum weigerte sich Groucho, seinem Sohn, der übrigens schon längst ausgezogen und verheiratet war, einflußreiche Freunde aus der Literaturszene zu vermitteln. Er zog es vor, ihn mit gelegentlichen Geldgeschenken abzuspeisen. Mehr Sorgen bereitete ihm aber Miriam, die die Konkurrenz zu ihrer nur sieben Jahre älteren Stiefmutter nicht mehr ertragen hatte und nach New York gezogen war, wo sie binnen kurzem Alkoholikerin wurde. Und Kay, die sich immer deplacierter als Nesthäkchen im Kreis der intellektuellen Freunde ihres Mannes fühlte, hatte ebenfalls zu trinken angefangen. Als Groucho im April 1950 die Scheidung einreichte, fragten ihn Reporter nach dem Scheidungsgrund. Seine Antwort: »Wir sind einfach kreuzunglücklich.«

Einen Monat später wurde die Ehe geschieden.

Gleichzeitig wurde über den Wechsel zum Fernsehen von *You Bet Your Life* verhandelt. Zwei Rundfunkanstalten umwarben Groucho: CBS und NBC. Das Rennen machte bald NBC mit einem geradezu phantastischen Angebot: drei Millionen Dollar für acht Jahre; zusätzlich erklärte sich NBC bereit, für 39 Shows pro Jahr Groucho ein wöchentliches Salär von 4800 Dollar zu zahlen. In der ersten Oktoberwoche 1950, also wenige Tage nach Grouchos 60. Geburtstag, war im Fernsehen erstmals jene Sendung zu sehen, die bald die populärste Quizshow und die drittpopulärste TV-Show Amerikas des folgenden Jahrzehnts werden sollte.

Wieder wurde jede Sendung aufgezeichnet, wieder waren viele der »spontanen« Antworten Grouchos von einem Gagwriter vorgefertigt und wurden lediglich abgelesen, wieder tat man so, als handele es sich um eine Lifesendung. Amerikas damals wie heute auflagenstärkste Zeitschrift, der wöchentlich erscheinende *TV-Guide*, glaubte im März 1954 die Nation mit einer Enthüllungsstory schocken zu können: »Die Wahrheit über Grouchos Improvisationen.« Doch die Öffentlichkeit nahm den Artikel kaum zur Kenntnis, wollte sich offenbar ihren Donnerstagabendspaß nicht durch die Wahrheit verderben lassen.

Außerdem wurde die Öffentlichkeit schon bald mit viel interessanteren Neuigkeiten über Groucho gefüttert; der in die Jahre gekommene Star hatte sich in eine 44 Jahre jüngere Frau verliebt, und trug sich ernsthaft mit Heiratsplänen.

Dorris Johnson, der Frau seines Schriftstellerfreundes Nunnally Johnson, vertraute er die Befürchtung an, Eden Hartford sei vielleicht nur hinter seinem Geld her. Und Dorris gab die einzig richtige Antwort: »Grouch, weißt du eine bessere Möglichkeit, dein Geld zu investieren, die dir ebensoviel Vergnügen bereitet?«

Am 17. Juli 1954 heirateten Groucho und Eden. Goodman Ace, dem Freund und Kritiker aus der Vaudeville-Zeit, dem späteren Komödienverfasser für Hörfunk und Fernsehen, schrieb Groucho nach der Hochzeit: »Lieber Ace, gebe dir hiermit bekannt, daß ich geheiratet habe.«

Und Ace antwortete: »Jemanden, den du kennst?«

Die neue Ehefrau fühlte sich in Grouchos altem Haus nicht wohl, worauf Groucho ein Grundstück erwarb und für 300 000 Dollar eine Villa erbauen ließ, die den Wünschen Edens entsprach. Natürlich verfiel er auch jetzt nie auf den Gedanken, seiner Frau mal einen Blumenstrauß oder eine Schachtel Pralinen mitzubringen. Zu teuer. Wenn allerdings Mitglieder des Marx-Clans in Not waren, zeigte er sich stets bereit, finanzielle Hilfe zu gewähren. Fluchend und schimpfend hatte er Chico und seiner Familie mehr als einmal aus der Klemme geholfen, bereitwillig kam er für Miriams Entziehungskuren und ihre psychiatrische Behandlung auf, obgleich er von der Psychoanalyse nichts hielt. Nach eigenen Angaben hat er rund 100 000 Dollar für Miriams Behandlung gezahlt, eine Summe, die sie unter die Nase gerieben bekam, als sie sich einmal über mangelnde Vaterliebe beschwerte.

Trotz beträchtlicher finanzieller Belastungen – seine beiden Scheidungen waren in dieser Hinsicht noch immer nicht ausgestanden – konnte Groucho es sich leisten, die verlokkendsten Angebote in den Wind zu schlagen. 100 000 Dollar für einen zweiwöchigen Auftritt in Las Vegas lehnte er mit der Begründung ab: »Ich arbeite nicht für Ganoven und Gangster.« Kein Wunder, daß er nicht einmal erwog, auf Rudolf Bings Vorschlag einzugehen, für insgesamt 4000 Dollar Gage an der Met viermal den Frosch in der *Fledermaus* zu spielen.

Am 17. Mai 1961 flimmerte *You Bet Your Life* zum letzten Mal in Amerikas Wohnstuben. Daß sie noch heute in weiten Teilen Amerikas viermal wöchentlich in Reruns ausgestrahlt wird, spricht übrigens für die Qualität dieser Quizsendung. Groucho schätzte seine Arbeit als Quizmaster höher ein als seine Filmtätigkeit. In dem *Playboy*-Interview von 1972 antwortete er auf die Frage, ob ihm diese Serie Spaß gemacht habe: »Drauf können Sie wetten. Es war so mit das Beste, was ich je gemacht habe. Ich mußte richtig nachdenken. So hart habe ich noch nie gearbeitet.«

Die Arbeit hat sich gelohnt. Grouchos Konto wies damals ein Guthaben von 12 Millionen Dollar auf.

Die letzten Jahre

Billy Wilder hatte Ende 1960 die Idee gehabt, einen Film mit den Marx Brothers zu drehen – *A Day at the United Nations.* Während sämtliche Bullen New Yorks die United Nations bewachen, rauben die Brothers Tiffany's aus. Mit vier juwelengefüllten Koffern machen sie sich auf, um per Schiff Richtung Brasilien abzuhauben. Doch schon auf dem Weg zum Hafen werden sie von der Polizei angehalten, die sie für die lettische Delegation hält und zu den Vereinten Nationen eskortiert. Harpo muß vor der Vollversammlung sprechen, und seine Pantomime wird von den Simultanübersetzern ganz verschiedenartig interpretiert.

Zweifellos war es ein Wagnis, eine Slapstickkomödie mit drei Komikern zu planen, die alle die Siebzig überschritten hatten. Peinlich wäre der Film dennoch nicht geworden, dafür bürgte der Name des genialen Regisseurs.

Die Arbeit am Drehbuch war bereits in vollem Gange, als Chico im Mai 1961 einen Herzanfall erlitt und in ein Krankenhaus eingeliefert werden mußte. Sein Gesundheitszustand war so schlecht, daß jederzeit mit seiner vollständigen Arbeitsunfähigkeit gerechnet werden mußte. Unter diesen Umständen war nun kein Studio mehr bereit, einen Vier-Millionen-Dollar-Film in Angriff zu nehmen. Zur großen Enttäuschung der Marx Brothers wurde das Projekt fallengelassen.

Am 11. Oktober 1961 starb Chico im Alter von 74 Jahren.

Drei Monate später wurde die erste Sendung einer neuen Groucho-Fernsehshow ausgestrahlt: *Tell it to Groucho.* Dieser Aufguß von *You Bet Your Life* erzielte aber keine nennenswerten Einschaltquoten und wurde nach 20 Wochen wieder abgesetzt. Noch immer dachte Groucho nicht daran, vom Showbusiness Abschied zu nehmen; er hatte Gastauftritte in Hollywood, New York und London. Mit der Zeit aber wurden die Angebote seltener. Und sein Biograph Hector Arce stellte fest: »Sein Wunsch aufzutreten, egal wie sehr das seiner Gesundheit und seinem Image schadete, nahm allmählich manische Formen an.«

Arce übermittelte auch eine Anekdote, die Groucho, neben einem Abendessen bei T. S. Eliot, als das erzählenswerteste Erlebnis seiner Englandreise im Juni 1964 wertete: Ein Taxifahrer fragte ihn auf dem Weg zum Hotel: »Fahren Sie am Wochenende nach Wembley?« – »Nein«, sagte Groucho, »was ist in Wembley los?« – »Ein wichtiges Fußballspiel«, sagte der Taxifahrer. – »Fußball interessiert mich nicht«, knurrte Groucho. – »Aber die Queen wird anwesend sein.« – Nun explodierte Groucho: »Fuck the Queen!« – »Aber Sir«, erwiderte der Taxifahrer, »man darf sich ihr nicht einmal nähern.«

Am 28. September 1964 starb sein Lieblingsbruder Harpo. Grouchos Sohn Arthur schrieb später: »Es war das einzige Mal, daß ich meinen Vater weinen sah.« Möglicherweise wäre der herzkranke Harpo älter geworden, hätte er sich früher zur Ruhe gesetzt und sich nicht immer wieder von Chico überreden lassen, mit ihm zusammen in irgendwelchen verräucherten Klitschen aufzutreten. Das plötzliche Ende seines Bruders ließ in Groucho nicht einmal den Gedanken aufkommen, sich nun aufs Altenteil zurückzuziehen.

Neuen Auftrieb erfuhr er im Frühjahr 1967, als die *Manhattan Gallery of Modern Art* eine wochenlange Marx-Brothers-Retrospektive veranstaltete, bei deren Eröffnung Groucho mit einer stehenden Ovation geehrt wurde. Dennoch war er überrascht, als die Filme wenig später bei Studenten und in Intellektuellenkreisen Furore machten. Er hatte sich und seine Brüder nie für bedeutende Filmkomiker gehalten, sondern lediglich für gute Vaudeville-Entertainer. Merkwürdig, daß er ausgerechnet in jenem Bereich, der ihm Weltruhm bescherte, eine so geringe Meinung von sich hatte.

Am Silvesterabend 1967 nahm sich Groucho fest vor, im folgenden Jahr in den Ruhestand zu treten. Überflüssig zu sagen, daß daraus nichts wurde. Schon bald äußerte er in einem Interview, er sei nicht mehr so sehr an hohen Gagen interessiert, sondern wolle nur noch in Radio- und TV-Programmen auftreten, die Amerika helfen, »weil mir mein Gewissen sagt, daß ich meinem Land etwas schulde.« – Eine symptomatische Äußerung für alternde, amerikanische Multimillionäre. In einem System, das auf sozialer Ungerechtigkeit basiert, in dem wenige Reiche auf dem Humus vieler Unterprivilegierter gedeihen, meldet sich oft spät ein Gewissen, das sich durch Wohltätigkeit zu entlasten sucht. Aber Grouchos plötzliche Neigung, gemeinnützig zu wirken, entlud sich nicht in Geldspenden, sondern, wie gesagt, in der Ankündigung, für weniger Gage als gewohnt in patriotisch angehauchten Sendungen mitzuwirken. Da er sich dann schon bald auf die Seite der Gegner des Vietnamkriegs schlug, blieben Angebote von vaterländisch gesinnten Rundfunkanstalten aus.

Und ob das kurz nach diesem Interview in Angriff genommene Projekt dazu geeignet war, Amerika die beabsichtigte Hilfe angedeihen zu lassen, mag dahingestellt bleiben. Dem Jungproduzenten Arthur Whitelaw, der schon ein paar erfolgreiche Broadway-Shows auf die Beine gestellt hatte, kam während eines Mittagessens die Idee, das Leben der Marx Brothers in Form einer Vaudeville-Show als Musical auf die Bühne zu bringen. Als Groucho von der Idee erfuhr, war er Feuer und Flamme. Vergessen waren die guten Neujahrsvorsätze; schließlich war er erst 77 Jahre alt, konnte noch immer durch die Welt reisen, schwarze Zigarren rauchen und seine Zeitgenossen mit schlagfertigen Beleidigungen verblüffen.

Das Musical sollte in mehreren Akten verschiedene Stadien der Marx-Brother-Karrieren darstellen. Nach einigem Hin und Her willigte Groucho ein, seinen Sohn Arthur als Textbuchautor zu verpflichten. Die Vorbereitungen zogen sich endlos hin, und Whitelaw hätte schon bald gerne auf Grouchos entnervende Mitarbeit verzichtet.

Auch Eden war bereit, auf Groucho zu verzichten. Die Jahre mit Groucho hatten ihr Selbstbewußtsein fast vollständig zerstört. All ihre Versuche, sich eine eigene Welt, einen eigenen Freundeskreis aufzubauen, waren systematisch torpediert worden. Schließlich suchte auch sie Zuflucht im Alkohol. Ihre Abende, ob Gäste anwesend waren oder nicht, verbrachte sie immer häufiger allein in ihrem Zimmer. Am 7. Januar 1969 packte sie ihre Koffer und verließ das Haus. Einen Tag später reichte sie die Scheidung ein. Ende des Jahres war die gerichtliche Verhandlung, bei der Edens Anwalt Marvin Mitchelson fast eine Million Dollar Abfindung für seine Mandantin erstritt. Einige Zeit später speisten Groucho und Mitchelson zufällig im selben Restaurant. Groucho trat nach dem Essen an Mitchelsons Tisch, knallte ihm die Rechnung hin und brüllte: »Sie haben mich bei meiner Scheidung ausgeräumt, nun zahlen Sie gefälligst mein Mittagessen.« Der Anwalt zahlte.

Im März 1970 war in New York die Premiere des Musicals *Minnie's Boys*. Einen Monat zuvor war Groucho eingetroffen, um alle Beteiligten mit seinen Vorschlägen und Änderungswünschen an den Rand des Irrsinns zu treiben. Whitelaw wandte sich in seiner Verzweiflung an seine Sekretärin Susan Bell: »Sieh zu, daß er sich um dich und nicht um die Show kümmert, damit er uns in Ruhe läßt und wir arbeiten können.« Susan Bell erfüllte diesen Auftrag so glänzend, daß Groucho ihr nach wenigen Tagen einen Heiratsantrag machte, der allerdings abschlägig beschieden wurde.

Im Gegensatz zu den Kritikern war Groucho von *Minnie's Boys* begeistert. Bereits am 30. Mai wurde das Musical zum letzten Mal gegeben. Der Verlust betrug eine halbe Million Dollar.

Natürlich war Groucho enttäuscht, doch in tiefe Depressionen stürzte ihn ein ganz anderes Ereignis. Als er eine Verlängerung seines Führerscheins beantragte, der in den USA nicht auf Lebenszeit gilt und alle paar Jahre erneuert werden muß, bestand das Verkehrsamt auf einer praktischen Prüfung. Er fiel durch, und der Führerschein wurde ihm entzogen. In einem Zeitraum von nur eineinhalb Jahren war ihm seine Frau davongelaufen und hatte sich scheiden lassen, wurde ein Heiratsantrag abgelehnt, war das Musical, sein Lieblingsprojekt der letzten Jahre, durchgefallen. Und nun wurde ihm auch noch amtlich bestätigt, daß er alt war.

Sein Lebenswille verfiel. 1971 erlitt er einen Schlaganfall. Er konnte nur noch schleppend sprechen, sein Geist schien gebrochen. Da stellte sich ihm auf einem seiner seltenen Spaziergänge ein junges, blondes Mädchen vor – Nunnally Johnsons Tochter Roxie. In den folgenden Wochen lud er sie öfter zum Essen ein und – man mag es glauben oder nicht – machte ihr Heiratsanträge. Da Klein-Roxie begreiflicherweise zögerte, umgurrte Groucho – er war nun fast 81 – gleich noch eine blutjunge Kaufhauserbin. Auch aus dieser Romanze wurde nichts Rechtes, weswegen es dem fröhlichen Rekonvaleszenten nicht schwerfiel, sich in eine dritte Dame zu verlieben: Erin Fleming.

Ihr gelang es, Groucho neuen Lebensmut zu schenken. Seine fieberhafte Brautschau darf nicht darüber hinwegtäuschen, daß er die meiste Zeit deprimiert war.

Nach dem triumphalen Abend in *Carnegie Hall* fuhren Groucho und Erin zu den Filmfestspielen nach Cannes, wo Groucho mit dem Orden der Französischen Ehrenlegion ausgezeichnet wurde. In einer Pressekonferenz forderte er, die Festspiele aus Protest gegen den Vietnamkrieg abzubrechen.

Kaum in die Staaten zurückgekehrt, gab Groucho in San Francisco einen Soloabend, an dem er nach übereinstimmenden Berichten eine noch glänzendere Darbietung als in der *Carnegie Hall* bot. – Vielleicht hatte ihn Erin aber doch zu sehr angetrieben, zuviel von ihm gefordert. Er war sichtlich erschöpft. Zwei Wochen nach dem Auftritt in San Francisco

erlitt er einen neuerlichen Schlaganfall und mußte in ein Krankenhaus eingeliefert werden. Ein bereits angesetzter Groucho-Abend in Los Angeles wurde verschoben – und wäre wohl am besten ganz abgesagt worden. Doch Erin kannte keine Gnade. Am 13. Dezember 1972 mußte ein peinlich berührtes Publikum erleben, daß Groucho Mühe hatte, sich über die Bühne zu bewegen, daß er kaum noch die Cuecards ablesen konnte. Erin, die über wenig bis keine Bühnenerfahrung verfügte, kam ihm zur Hilfe und versuchte, ungelenk improvisierend den Abend zu retten. Groucho mußte sich mit der bitteren Wahrheit abfinden, daß er physisch nicht mehr in der Lage war, ein großes Lifepublikum einen ganzen Abend lang zu unterhalten.

Im folgenden Jahr ging es mit ihm gesundheitlich weiter bergab. Doch 1974 erholte er sich noch einmal, als er im Februar erfuhr, daß ihm der *Sonder-Oscar* verliehen werden sollte. Erin Fleming war die treibende Kraft gewesen, die zu dieser (überfälligen) Entscheidung geführt hatte. Am 2. April wurde ihm die begehrte Auszeichnung von Jack Lemmon vor einem stehend applaudierenden Festpublikum verliehen. In seiner Dankrede gedachte er seiner Brüder Harpo und Chico sowie der 1965 verstorbenen Margaret Dumont, »die keinen unserer Witze verstanden hat«. Er schloß mit den Worten: »Und dann möchte ich meiner Mutter danken, ohne die wir versagt hätten. Und schließlich möchte ich Erin Fleming danken, die mein Leben lebenswert macht und die alle meine Witze versteht.«

Ende Juni wurde in New York *Animal Crackers* nach jahrzehntelanger Pause erneut aufgeführt. Erin überredete Groucho, persönlich zur Premiere zu erscheinen. Obgleich seine Gesundheit solche Strapazen kaum mehr zuließ, war sein Drang, sich öffentlich zu zeigen, weiterhin lebendig. Als er an dem Kino vorfuhr, durfte er zu seiner Freude feststellen, daß berittene Polizei eingesetzt worden war, um die tosende, Einlaß begehrende Menge in Zaum zu halten.

Im Sommer erlitt er wieder einen Schlaganfall. Er konnte sich nun oft nur noch mühsam auf den Beinen halten und hatte Mühe zu sprechen. Doch sein Geist war ungebrochen. Im Freundeskreis machte er sich Gedanken über seine Grabschrift. Sein Vorschlag: »Er hat nie ein häßliches Mädchen geküßt.« Darauf fragte jemand: »Gibt es überhaupt häßliche Mädchen?« Und Groucho antwortete: »Du solltest mal einige meiner Verwandten sehen.«

Am Sonntag, den 5. Oktober 1975, drei Tage nach seinem 85. Geburtstag, fand die letzte große Party im Hause Marx statt. – Sein schönstes Geburtstagsgeschenk hatte Groucho bereits erhalten: Tom Bradley, der Bürgermeister von Los Angeles hatte den 2. Oktober zum *Groucho Marx Day* erklärt. – Unter den illustren Gästen waren Jack Lemmon, Bob Hope, Peter Sellers, Elliot Gould und Liza Minnelli, um nur ein paar Namen zu nennen. Auch Zeppo und Gummo waren anwesend, aber keines der drei Kinder Grouchos. Er hatte sich mit ihnen schon längst derart gründlich verkracht, daß selbst dieser hohe Festtag nicht Anlaß oder Vorwand einer Versöhnung sein konnte. – Erst ein paar Monate später gelang es Erin, die Kinder und Groucho zu überreden, einander wiederzusehen.

Es bleibt nicht mehr viel zu berichten. Am 31. Oktober 1976 wohnten Groucho und Erin einem Bankett im Los Angeles Ambassador Hotel zu Ehren des Dirigenten Zubin Mehta bei. Groucho sang den 300 Gästen ein Chanson vor. Es war sein letzter Auftritt. Wenn er in letzter Zeit nur noch äußerst selten gebeten worden war, einen Life- oder Fernsehauftritt zu erwägen, lag das nicht nur an seinem schlechten Gesundheitszustand, sondern auch an seiner Managerin Erin Fleming, die sich zu einer immer mißtrauischeren und schwierigeren Verhandlungspartnerin entwickelt hatte. Kaum noch jemand wollte etwas mit ihr zu tun haben. Paradoxerweise war nun ausgerechnet jene Frau, die sein Leben und seine

Karriere verlängert hatte, eher ein berufliches Hindernis geworden. Was an den Gerüchten dran war, sie habe Groucho finanziell ausgebeutet und ihn bis zur Hörigkeit von sich abhängig gemacht, kann hier nicht entschieden werden. Fest steht, daß sie Groucho noch einmal Lebensfreude geschenkt und das Kunststück fertiggebracht hatte, sein Frauenbild zu ändern. Spät rang er sich zu der Einsicht durch, daß Frauen nicht naturgemäß dümmer als Männer sind und lediglich als Sexualobjekte taugen. Entscheidend beigetragen zu dieser Erkenntnis haben zwei Umstände: Groucho und Erin hatten keine sexuelle Beziehung, und Erin war die erste Frau in Grouchos Leben, die seinen ständigen Beleidigungen Kontra zu bieten vermochte.

Die Krankenhausaufenthalte häuften sich. Er hatte immer größere Schwierigkeiten, sich fortzubewegen, zumal auch sein Orientierungssinn plötzlich gestört war. Eine erfolgreich überstandene Hüftoperation konnte seinen Zustand nicht mehr wesentlich bessern. Noch aber hatte er nicht aufgegeben; wiederholt bat er eine hübsche Krankenschwester, ihn zu küssen. Zu seinem Bedauern kam die Schwester diesem Wunsch nicht nach.

Mehr zu schaffen machte ihm sein rapide nachlassendes Gedächtnis. Manchmal vergaß er Erins Namen, und wenn er mit anderen über sie sprach, behalf er sich mit der Umschreibung: »Die Frau, die mein Geld hat.«

Am 21. April 1977 starb Gummo. Man hielt die Nachricht von Groucho fern, er hat es nie erfahren.

Nachdem Groucho aus dem Krankenhaus entlassen worden war, führte er sogleich wieder ein offenes Haus. Pausenlos waren Freunde anwesend, die er noch immer mit seinen witzigen Bemerkungen überraschte. Als ihn George Fenneman einmal umständlich aus seinem Rollstuhl hob, um ihn ins Bett zu legen, sagte er: »Fenneman, Sie waren schon immer ein lausiger Tänzer.«

Kurz danach hatte Groucho Probleme mit seinem künstlichen Hüftgelenk. Wieder wurde er ins Cedars-Sinai-Hospital eingewiesen. Eine neuerliche Operation wurde erwogen. Aber eine schleichende Lungenentzündung verbrauchte seine letzten Widerstandskräfte.

»Das ist kein Leben mehr«, sagte Groucho.

Dennoch blühte er immer wieder kurz auf, wenn Frauen in seiner Nähe waren. Als ihn Arthurs Frau Lois besuchte, beobachtete ein erstaunter Augenzeuge: »Er küßte sie ungefähr fünfzig Mal. Er hätte nie aufgehört, wenn sie nicht des Niederbückens müde geworden wäre.«

Er hat nie ein häßliches Mädchen geküßt. Am Ende wenigstens nicht.

Am 19. August 1977 um 19 Uhr 25 starb Groucho Marx.

ANHANG I

Ausgewählte Beleidigungen

Beleidigungen aus der Quizshow *You Bet Your Life*

Die Sendung wurde einmal wöchentlich ausgestrahlt. Nacheinander wurden Groucho drei Kandidaten vorgestellt. Zunächst interviewte Groucho seinen jeweiligen Gast, der dann unter Fragen verschiedener Schwierigkeitsgrade zu einer selbstgewählten Kategorie auszuwählen hatte. Der eigentliche Teil, der auch die Popularität der Sendung ausmachte, war aber das Interview. So war You Bet Your Life *ein Vorläufer der Talkshow.*

GROUCHO: Wie haben Sie Ihre Frau kennengelernt?
GAST: Ich habe zuerst ihr Pferd kennengelernt, ein wunderschönes Tier, herrlich gebaut und mit sanften Augen und schlanken Beinen.
GROUCHO: Warum haben Sie nicht das Pferd geheiratet?

Ein hochdekorierter Offizier erscheint ordenbehangen und in Uniform auf der Bühne.
GROUCHO: Für welche Abteilung der Post arbeiten Sie?

GAST: Wir haben uns verlobt, und dann bin ich zu ihrem Vater gegangen und habe um ihre Hand angehalten.
GROUCHO: Und was hat der Vater gesagt? ›Sie können den Rest auch haben‹?

Der Hotelschneider eines bekannten Hotels in San Francisco ist bei Groucho zu Gast.
GROUCHO: Wenn ich einmal nach San Francisco komme …
DER SCHNEIDER: … können Sie umsonst in diesem Hotel wohnen.

GROUCHO: Wie lange?
DER SCHNEIDER: Eine Woche.
GROUCHO: Eine Woche? Ich hatte eigentlich an fünf Jahre gedacht.

GROUCHO: Was macht Ihr Mann?
FRAU: Er arbeitet auf unserer Hühnerfarm.
GROUCHO: Was genau macht er da?
FRAU: Alles, einfach alles.
GROUCHO: Rufen Sie mich an, wenn er das nächste Mal ein Ei legt.

Ein R. L. Harris aus Texas ist Kandidat der Quizsendung.
GROUCHO: Wofür stehen die Buchstaben R. L.?
R. L.: Für nichts. In Texas ist es ganz normal, daß die Initialen als eigentlicher Vorname gelten.
GROUCHO: Initialen sind in Texas in der Tat sehr häufig, aber meist sieht man sie auf Rinderhintern.

GAST: Nachdem ich im College durchgefallen war, bin ich in die Armee eingetreten.
GROUCHO: Jetzt weiß ich, wie Amerikas Niedergang als Militärmacht zu erklären ist.

GROUCHO: Sind Sie verheiratet?
FRAU: Ich bin seit 31 Jahren mit demselben Mann verheiratet.
GROUCHO: Nach 31 Jahren Ehe ist er sicher nicht mehr derselbe Mann.

Ein uralter Mann nimmt an dem Quiz teil.
GROUCHO: Wie alt sind Sie?
MANN: Fünfundsechzig.
GROUCHO: Das sieht man Ihnen nicht an. (Der Mann lächelt geschmeichelt.) Sie sehen wie dreihundert aus.

Ein Häuptling vom Stamm der Apachen erzählt aus seinem Leben: ... und während des 2. Weltkriegs war ich Jagdflieger in Deutschland.
GROUCHO: Die Deutschen müssen ganz schön dumm geguckt haben, als aus dem Cockpit plötzlich Pfeile flogen.

GROUCHO: Was sind Sie von Beruf?
GAST: Ich bin Pfarrer und habe gerade ein Buch geschrieben mit dem Titel *Die ewige Suche*.
GROUCHO: Handelt das Buch von einem Mann und seinen Autoschlüsseln?

Der vierschrötige, knollnasige Westernschauspieler Crash ist Gast der Show.
GROUCHO: Sind Sie verheiratet?
CRASH: O ja. Meine Frau hat 44 Schönheitswettbewerbe gewonnen, aber sie ist keine sehr gute Köchin.
GROUCHO: Wäre es Ihnen lieber, wenn sie 44 Kochwettbewerbe gewonnen hätte und aussähe wie Sie?

GAST: Ich bin der Zoodirektor von San Francisco. Ich wohne im Zoo.
GROUCHO: Sie wohnen im Zoo? Lassen Sie sich von den Besuchern füttern oder kaufen Sie sich Ihre Erdnüsse selbst?
GAST: Ich habe ein Haus auf dem Zoogelände.
GROUCHO: Leben Sie mit einer Schimpansin zusammen?
GAST: Nein, mit meiner Frau.
GROUCHO: Das beantwortet meine Frage nicht.

GROUCHO: Wo wohnen Sie?
FRAU: Hier in Los Angeles, obwohl ich lieber in San Francisco leben würde.
GROUCHO: Und warum leben Sie nicht in San Francisco?
FRAU: Wegen meiner Familie.
GROUCHO: Beschreiben Sie Ihre Familie.

FRAU: Ich habe eine Tochter, zwei Hunde, sechs Katzen, zwölf Schildkröten und vier Alligatoren.
GROUCHO (zum Publikum): Ich würde gerne wissen, wie ihr Mann aussieht.

Eine etwa fünfzigjährige, nicht sehr attraktive Dame betritt die Bühne.
GROUCHO: Sind Sie verheiratet?
DIE DAME: Nein.
GROUCHO: Ich bin sicher, daß Sie im Lauf Ihres Lebens eine Menge Heiratsanträge erhalten haben.
DIE DAME: Einige.
GROUCHO: Vielleicht stellen Sie zu hohe Ansprüche?
DIE DAME: Kann sein.
GROUCHO: An Ihrer Stelle würde ich mir den Nächstbesten schnappen.

GAST: Kürzlich ist mein erstes Buch erschienen. Die Kritiker sagen, man kann es nicht mehr aus den Händen legen, wenn man zu lesen begonnen hat.
GROUCHO: Warum? Ist es auf Fliegenpapier gedruckt?

GROUCHO (zum Publikum): Ich darf den ehemaligen Boxweltmeister im Mittelgewicht vorstellen.
ROCKY M.: Schwergewicht.
GROUCHO (mit Blick auf Rocky Bauch): Ihr Gewicht ist inzwischen mehr in der Mitte. Wie viele Kämpfe haben Sie ausgetragen?
ROCKY: Zweiundvierzig.
GROUCHO: Und wie viele davon waren abgesprochen?
ROCKY: Keiner.
GROUCHO: Entschuldigen Sie, das war sehr unhöflich von mir. Ich werde Sie etwas anderes fragen: Wie viele dieser Kämpfe waren abgekartet?
ROCKY: Keiner.

GROUCHO: Könnten Sie Ingmar Johanson besiegen?
ROCKY: Wenn ich jetzt Ja sage, werden Sie mich einen Angeber nennen.
GROUCHO: Um Gottes willen, das fiele mir nicht im Traum ein. Ich würde Sie einen Lügner nennen.

GROUCHO: Sie leben jetzt in Kalifornien. Wie gefällt es Ihnen hier?
MANN: Sehr gut, zumal ich, gleich als ich hierherkam, den 1. Preis in einem Limerickwettbewerb gewonnen hatte.
GROUCHO: Können Sie den Limerick noch auswendig oder haben Sie ihn glücklicherweise vergessen?
MANN: Ich kann ihn noch auswendig. (Rezitiert den Limerick.)
GROUCHO: Wenn dieser Limerick den 1. Preis gewonnen hat, kann man sich ja ausmalen, wie die anderen waren.

GROUCHO: Haben Sie Kinder?
FRAU: Ich habe dreizehn Kinder.
GROUCHO: Dreizehn?!
FRAU: Ja, ich liebe meinen Mann.
GROUCHO: Ich liebe auch meine Zigarre, aber ich nehme sie ab und zu aus dem Mund.

Zwei Quizteilnehmer wählen sogleich eine Frage der schwierigsten Kategorie, die sie nicht beantworten können. Ohne zu zögern entscheiden sie sich wieder für eine 300-Dollar-Frage.
GROUCHO: Diese Kids sind zwar doof, aber mutig.

GROUCHO: Wie alt sind Sie?
FRAU: Ich gehe auf die Vierzig zu.
GROUCHO: Aus welcher Richtung?

Manchmal verabschiedete sich Groucho von einem Gast mit den Worten: Die Begegnung mit Ihnen wird mir unvergeßlich bleiben – egal wieviel Mühe ich mir geben werde.
Einmal sagte er: Ein Gesicht, das ich einmal gesehen habe, vergesse ich nie. In Ihrem Fall werde ich eine Ausnahme machen.

Mündlich überlieferte Beleidigungen

Nach der Vorbesichtigung des Films *Samson und Delilah* wird Groucho um seine Meinung gebeten. Sein einziger Kommentar: »Victor Mature hat größere Titten als Hedy Lamarr.«

Er geht mit Freunden ins Restaurant des Beverly Hills Hotels essen. Dem Garderobenfräulein reicht er seinen Mantel mit den Worten: »Lassen Sie das bis Donnerstag reinigen.«

(1942): Empfang für prominente Filmschauspieler im Weißen Haus. Gastgeberin ist die First Lady, Mrs. Eleanor Roosevelt. Zeit: Mittnachmittag, ein dezenter Hinweis, daß ein Essen nicht vorgesehen ist. Mrs. Roosevelt: »Ich bin sehr erfreut, Ihre Bekanntschaft zu machen, Mr. Marx.« – Groucho: »Sind wir zu spät zum Dinner?« Die First Lady lächelt gequält, und eine Militärkapelle intoniert ihr Begrüßungsständchen. Groucho wendet sich an Mrs. Roosevelt: »Jetzt weiß ich, warum Sie so oft unterwegs sind.« – Später am Nachmittag fragt ein General Groucho, ob er wisse, wo Mrs. Roosevelt gerade sei? Groucho: »Sie ist oben und feilt ihre Zähne«. Der General dreht sich empört um.

Groucho nimmt an einer spiritistischen Sitzung teil. »Erheben Sie sich, Mr. Marx«, sagt der Meister mit feierlicher Stimme, »und stellen Sie dem Great Spirit eine Frage.« Groucho steht auf und fragt: »Was ist die Hauptstadt von North Dakota?«

Ein stinkfeiner Oberkellner verwehrt Groucho den Zutritt in ein stinkfeines Restaurant: »Tut mir leid, Sir, aber Sie haben keine Krawatte.« Groucho: »Das braucht Ihnen nicht leid zu tun, ich kann mich an eine Zeit erinnern, da ich nicht mal Hosen hatte.«

Der Oberkellner verzieht keine Miene: »Tut mir leid, Sie dürfen das Restaurant ohne Krawatte nicht betreten.«

»Wer bestimmt eigentlich, daß Männer hier Krawatten tragen müssen? Irgend 'n Typ, der oben in einem T-Shirt sitzt?« – Da sieht Groucho einen glatzköpfigen Mann in dem Restaurant. – »Sehen Sie sich das an!«, ruft er, »Sie lassen mich nicht ohne Krawatte rein, aber der hat nicht mal seine Haare!«

Sonntagnachmittag auf dem Rennplatz in L. A. Eine ältere, *weißgelockte* Dame erspäht Groucho, zieht ihr Autogrammbüchlein aus der Handtasche und nähert sich schüchtern: »Entschuldigen Sie, Sir, sind Sie nicht Harpo Marx?« Groucho: »Nein, Sie vielleicht?«

Schriftliche Beleidigungen

Die folgenden Zitate sind dem Band »Die Groucho Letters. Briefe von und an Groucho Marx«, Hanser Verlag, München 1981, entnommen.

An einen von Melindas Freunden:
Lieber Mr. Jannek,
(...) Wie kommen Sie an der Uni voran? Wie hoch ist Ihr Intelligenzquotient? Ist er noch so niedrig wie zu der Zeit, da ich Sie kennenlernte? (...)

An Goodman Ace:
Lieber Goodman,
es war nett, Deine Stimme wieder einmal zu hören, um so mehr, da ich Dich nicht anschauen mußte, während wir sprachen (...)

An Frank Sullivan:
Sehr geehrter Mr. Sullivan, oder Frankieboy – was Dir lieber ist, fast wäre ich aus den Pantinen gekippt, als ich heute morgen einen Brief aufmache und sehe, er ist von Dir (...). Ich weiß nicht, wer den Umschlag adressiert hat, aber der Handschrift nach hätte ich gesagt, er ist von einem sechsjährigen Fan, der unbedingt ein Autogramm von mir haben will. (...) Vorausgesetzt, Du hast den Umschlag selbst adressiert, schlage ich Dir vor, noch einmal auf die Cornell University zu gehen und einen Auffrischungskurs für Adressenschreiben zu belegen (...)

An Lincoln Schuster vom Verlagshaus Simon & Schuster:
Verehrter Lincoln,
wie Sie jemals zu diesem Vornamen gekommen sind, ist entschieden zu hoch für mich. Nicht, daß es ein schlechter Name wäre, aber Sie müssen zugeben, daß er von Ihrem Nachnamen meilenweit entfernt ist. (...)

An T. S. Eliot:
Lieber T. S.,
Ihre Fotografie ist in bestem Zustand hier angekommen, (...). Ich hatte keine Ahnung, daß Sie so gut aussehen. Es kann nur auf die Dummheit der Besetzungschefs zurückzuführen sein, daß Ihnen nicht die Hauptrolle in einem Sexfilm angeboten worden ist. (...)

Lieber Tom,
wenn das nicht Ihr Vorname ist, dann bin ich ganz schön in

der Klemme! Aber ich glaube, ich habe irgendwo gelesen, daß Sie denselben Vornamen haben wie Tom Gibbons, ein ehemaliger Berufsboxer aus St. Paul. (...)

Geburtstagsrede für George Jessel, der ebenfalls als Komiker im Vaudeville angefangen hatte.

Ich hätte nie gedacht, daß der Tag kommen würde, an dem man mich dazu bringen würde, auf einem Podium zu sitzen, und einen Filmproduzenten zu ehren. Das ist ein verwirrendes Anzeichen dafür, wie schnell die Klassenunterschiede in ganz Amerika zusammenbrechen. Glücklicherweise halte ich Jessel nicht nur für einen Filmproduzenten. Jessel ist ein Redner – ein großer Redner. Georgie hat für den Pico Boulevard so viel getan wie Patrick Henry für die Dreizehn Kolonien. Ich bin immer wieder erstaunt über die Leichtigkeit, mit der Jessel die englische Sprache herumstößt. Das ist noch erstaunlicher, wenn man weiß, daß er von der Hälfte der Wörter, die er benützt, nicht einmal die Bedeutung kennt.

Nichtsdestoweniger ist George fraglos der unbarmherzigste Redenhalter unserer Zeit. Er gibt sich selbst unermüdlich hin. Er spricht bei Hochzeiten, Beerdigungen und Bar-Miz'was. Da er so oft spricht, ist es nur natürlich, daß er manchmal etwas verwirrt ist. Einmal verheiratete er einen dreizehnjährigen Jungen mit einer Frau, die schon drei Tage lang tot war.

Jessel ist der lebende Beweis dafür, daß eine College-Erziehung nicht unbedingt erforderlich zum Erfolg ist. Als Junge war er frühreif und schwachsinnig. Seine scheinbare Erziehung bestand darin, in den Kulissen zu stehen und Gus Edwards' Schulaufführung anzuschauen. Im Alter von fünfzehn Jahren war er so ohne Lebenserfahrung wie das Breen-Büro. Ja, er konnte nicht einmal den Unterschied zwischen Diamond Jim Brady und Lillian Russell nennen. Das war jedoch aus einem seltsamen Grunde eine Sache, die ihn faszinierte. Er stürzte sich mit der ganzen Begeisterung eines potentiellen Sexfanatikers in die Erforschung, und heute – nur vierzig Jahre später – gibt es keinen, der besser dazu geeignet wäre, den Unterschied zwischen Lillian Russell und Diamond Jim Brady zu erklären.

Jessel hat darüber hinaus noch viele andere Begabungen. Er ist zweifellos der größte Falschsinger seit Bugsy Siegel. Seine Stimme ist so flach wie die Brust eines zehnjährigen Mädchens. George ist ein Todfeind der Hitparade. Man weiß, daß er ein beliebtes Lied innerhalb von 24 Stunden zerstören kann. Er ist der einzige Mensch, den ich kenne, der ein schönes Liebeslied nehmen kann, es durch seine Nase schickt und beim Herauskommen hört es sich an wie eine Warnung vor einem Luftangriff. Wenn Jessel singt, hat seine Stimme die traurige Qualität eines Katers auf einem Zaun hinter dem Haus. Und ich könnte hinzufügen – wenn Jessel singt, dann meistens aus dem gleichen Grund (wie der Kater).

Georgies Karriere sollte für alle amerikanischen Jugendlichen mit rotem Blut ein Ansporn sein. In einem Beruf, der von Natur aus mehr als seinen Anteil an Versuchungen birgt, ist Jessel niemals vom geraden und engen Weg abgeirrt. Er hat ein Leben geführt, das genauso streng und hart war wie bei einem Mönch im Kloster. Er trinkt nicht, raucht und kaut nicht. Gelegentlich trinkt er aus medizinischen Gründen eine Gallone Whisky, aber nur, wenn kein Weinbrand da ist.

Nächsten Monat hat Jessel Geburtstag. Es ist kein Zufall, daß sein Geburtstag im Frühling ist, denn Georgie ist der Geist des Frühlings. Eine Stunde mit Jessel ist wie zwei Wochen auf dem Land.

Zum Abschluß möchte ich darauf hinweisen, daß sich fast jeden Tag acht oder zehn bedeutendere Komiker im Hillcrest Country Club zum Mittagessen versammeln – alle gewillt und darauf bedacht, weiterzukommen, aber wenn Jessel spricht, sitzen die anderen einfach mit geschlossenem Mund da.

Übrigens – eine gute Idee.

Zur Feier von Goddard Liebersons 25jährigem Jubiläum bei Columbia Records stellten seine Freunde ein Album mit Glückwünschen und Kommentaren zusammen. Dabei war auch folgender Beitrag von Groucho:

8. Mai 1964

Man kann sich schwer vorstellen, daß der große, magere, machiavellische, unheimliche Mr. Lieberson von Columbia Records zu seinem 25jährigen Jubiläum geehrt wird.

Während all der vergangenen Jahre habe ich viele Schallplatten gehört, die Mr. Lieberson herausgegeben hat; einige davon waren so aufdringlich, daß ich erstaunt bin, wie die Postbehörden es erlaubten, sie mit der normalen Post zu versenden.

Eine erfolgreiche Schallplatte auszuwählen, ist zugegebenermaßen eine schwierige Aufgabe, und ich kann nur annehmen, daß der finstere, dekadente Mr. Lieberson für diese Aufgabe ausgewählt wurde aufgrund seiner Lage – die unweigerlich horizontal ist. Offensichtlich ist denen, die die verbrecherische Verantwortung für seine Ernennung zu diesem hohen Amte tragen, nie eingefallen, daß Spürsinn und Instinkt für Musik eine erforderliche Beigabe sein sollten.

Der Gedanke, daß jemand, der das Schicksal einer weltweiten Musikorganisation bestimmt, unfähig ist, Mozarts Jupiter-Symphonie von »Tomorrow Night at the Darktown Strutters' Ball« zu unterscheiden, ist tragisch.

Trotz seiner offensichtlichen Unzulänglichkeiten kann ich wahrhaftig nur sagen, daß ihn seine gesamte Organisation (ohne von mir zu sprechen) mit der gleichen Glut liebt, die normalerweise Männern wie Stalin, Hitler und Torquemada vorbehalten bleibt.

Groucho Marx

ANHANG II

Filmographie

THE COCOANUTS (1929). Produktion: Paramount. Produzent: Walter Wanger. Regie: Robert Florey und Joseph Santley. Buch: Morrie Ryskind nach der Musical Comedy von George S. Kaufman und Morrie Ryskind. Musik und Musiktexte: Irving Berlin. Musikalische Leitung: Frank Tours. Kamera: George Folsey. Schnitt: Barney Rogan. Darsteller: Groucho (Mr. Hammer), Harpo (Harpo), Chico (Chico), Zeppo (Jamison), Margaret Dumont (Mrs. Potter), Mary Eaton (Polly Potter), Oscar Shaw (Bob Adams), Kay Francis (Penelope), Cyril Ring (Harvey Yates), Basil Ruysdael (Hennessy), Sylvan Lee, Gamby-Hale Ballet Girls, Allan K. Foster Girls. Länge: 96 Minuten.

ANIMAL CRACKERS (1930). Produktion: Paramount. Produzent: B. P. Schulberg. Regie: Victor Heerman. Buch: Morrie Ryskind und Pierre Collings nach der Musical Comedy von George S. Kaufman und Morrie Ryskind. Musik und Musiktexte: Bert Kalmar und Harry Ruby. Kamera: George Folsey. Darsteller: Groucho (Captain Jeffrey T. Spaulding), Harpo (Der Professor), Chico (Signor Emanuel Ravelli), Zeppo (Haratio Jamison), Margaret Dumont (Mrs. Rittenhouse), Lillian Roth (Arabella Rittenhouse), Louis Sorin (Roscoe W. Chandler), Hal Thompson (John Parker), Margaret Irving (Mrs. Whitehead), Kathryn Reece (Grace Carpenter), Robert Greig (Hives der Butler), Edward Metcalf (Inspektor Hennessey), The Music Masters. Länge 98 Minuten.

MONKEY BUSINESS (1931). Produktion: Paramount. Produzent: B. P. Schulberg. Regie: Norman McLeod. Buch: S. J. Perelman und Will B. Johnstone. Zusätzliche Dialoge: Arthur Sheekman. Kamera: Arthur L. Todd. Darsteller: Groucho, Harpo, Chico, Zeppo (The Stowaways), Thelma

Todd (Lucille), Rockcliffe Fellowes (Joe Helton), Tom Kennedy (Gibson), Ruth Hall (Mary Helton), Harry Woods (Alky Briggs), Ben Taggart (Der Captain), Otto Fries, Evelyn Pierce, Maxine Castle. Länge: 77 Minuten.

HORSE FEATHERS (1932). Produktion: Paramount. Produzent: B. P. Schulberg. Regie: Norman McLoed. Buch: Bert Kalmar, Harry Ruby, S. J. Perleman, Will B. Johnstone. Kamera: Ray June. Musik und Musiktexte: Bert Kalmar und Harry Ruby. Darsteller: Groucho (Professor Quincey Adams Wagstaff), Harpo (Pinky), Chico (Barovelli), Zeppo (Frank Wagstaff), Thelma Todd (Connie Bailey), David Landau (Jennings), Robert Greig (Der Biologieprofessor), James Pierce (Mullen), Nat Pendleton (MacHardie), Reginald Barlow (Der scheidende Präsident von Huxley College), Florine McKinney (Peggy Carrington), E. J. LeSaint und E. H. Calvert (Professoren). Länge: 68 Minuten.

DUCK SOUP (1933). Produktion: Paramount. Produzent: B. P. Schulberg. Regie: Leo McCarey. Buch: Bert Kalmar und Harry Ruby. Zusätzliche Dialoge: Arthur Sheekman und Nat Perrin. Kamera: Henry Sharp. Bauten: Hans Dreier und Wiard B. Ihnen. Schnitt: LeRoy Stone. Musik und Musiktexte: Bert Kalmar und Harry Ruby. Musikalische Leitung: Arthur Johnston. Darsteller: Groucho (Rufus T. Firefly), Harpo (Pinkie), Chico (Chicolini), Zeppo (Bob Rolland), Margaret Dumont (Mrs. Teasdale), Louis Calhern (Botschafter Trentino), Raquel Torres (Vera Marcal), Edgar Kennedy (Der Limonadenverkäufer), Edmund Breese (Zander), William Worthington (Erster Finanzminister), Edwin Maxwell (Kriegsminister), Leonid Kinsky (Agitator), Verna Hillie (Sekretärin), George MacQuarrie (Erster Richter), Fred Sullivan (Zweiter Richter), Davison Clark (Zweiter Finanzminister), Charles B. Middleton (Staatsanwalt), Eric Mayne (Dritter Richter). Länge: 70 Minuten.

A NIGHT AT THE OPERA (1935). Produktion: Metro-Goldwyn-Mayer. Produzent: Irving G. Thalberg. Regie: Sam Wood. Buch: George S. Kaufman und Morrie Ryskind nach einer Geschichte von James Kevin McGuinness. Zusätzliche Bearbeitung: Al Boasberg. Kamera: Merritt B. Gerstad. Bauten: Cedric Gibbons, Ben Carré, Edwin B. Willis. Schnitt: William LeVanway. Musik: Herbert Stothart. Darsteller: Groucho (Otis B. Driftwood), Harpo (Tomasso), Chico (Fiorello), Margaret Dumont (Mrs. Claypool), Siegfried Rumann (Hermann Gottlieb), Kitty Carlisle (Rosa), Allan Jonas (Ricardo Baroni), Walter King (Rodolpho Lassparri), Edward Keane (Der Captain), Robert Emmet O'Connor (Henderson), Lorraine Bridges. Länge: 93 Minuten.

A DAY AT THE RACES (1937). Produktion: Metro-Goldwyn-Mayer. Produzent: Irving G. Thalberg und Sam Wood. Regie: Sam Wood. Buch: George Seaton, Robert Pirosh und George Oppenheimer. Kamera: Joseph Ruttenberg. Bauten: Cedric Gibbons, Stan Rogers und Edwin B. Willis. Schnitt: Frank E. Hull. Musik: Bronislav Kaper und Walter Jurmann. Songs: Gus Kahn. Musikalische Leitung: Franz Waxman. Darsteller: Groucho (Dr. Hugo Z. Hackenbush), Harpo (Stuffy), Chico (Toni), Margaret Dumont (Mrs. Emily Upjohn), Siegfried Rumann (Dr. Leopold X. Steinberg), Allan Jones (Gil Stewart), Maureen O'Sullivan (Judy Standish), Douglas Dumbrille (Morgan), Leonard Ceeley (Whitmore), Esther Muir (Miss Nora), Robert Middlemass (Der Sheriff), Vivian Fay, Ivie Anderson und der Crinoline Choir. Länge: 109 Minuten.

ROOM SERVICE (1938). Produktion: R. K. O.-Radio. Produzent: Pandro S. Berman. Regie: William A. Seiter. Buch: Morrie Ryskind nach dem Bühnenstück von John Murray und Allen Boretz. Kamera: J. Roy Hunt. Bauten: Van Nest Polglase und Al Herman. Schnitt: George Crone. Musikalische Leitung: Roy Webb. Darsteller: Groucho (Gordon Miller), Harpo (Faker Englund), Chico (Harry Binelli), Lucille Ball (Christine), Ann Miller (Hilda Manney), Frank Alberston (Leo Davis), Donald MacBride (Wagner), Cliff Dunstan (Gribble), Philip Loeb (Timothy Hogarth), Alexander Asro (Sasha), Charles Halton (Dr. Glass), Philip Wood (Simon Jenkins). Länge: 78 Minuten.

AT THE CIRCUS (1939). Produktion: Metro-Goldwyn-Mayer. Produzent: Mervyn LeRoy. Regie: Edward Buzzell. Buch: Irving Brecher. Kamera: Leonard M. Smith. Bauten: Cedric Gibbons und Stan Rogers. Schnitt: William H. Terhune. Musik: Harold Arlen. Songs E. Y. Harburg. Choreographie: Bobby Connolly. Musikalische Leitung: Franz Waxman. Darsteller: Groucho (J. Cheever Loophole), Harpo (Punchy), Chico (Antonio Pirelli), Margaret Dumont (Mrs. Dukesbury), Florence Rice (Julie Randall), Kenny Baker (Jeff Wilson), Eve Arden (Peerless Pauline), Nat Pendleton (Goliath), Fritz Feld (Jardinet), James Burke (John Carter), Jerry Marenghi (Little Professor Atom), Barnett Parker (Whitcomb). Länge: 87 Minuten.

GO WEST (1940). Produktion: Metro-Goldwyn-Mayer. Produzent: Jack Cummings. Regie: Edward Buzzell. Buch: Irving Becher. Kamera: Leonard Smith. Bauten: Cedric Gibbons und Stan Rogers. Schnitt: Blanche Sewell. Musik und Songs: Gus Kahn, Roger Edens, Charles Wakefield Cadman. Musikalische Leitung: Georgie Stoll. Darsteller: Groucho (S. Quentin Quale), Harpo (Rusty Panello), Chico (Joseph Panello), John Carroll (Terry Turner), Diana Lewis (Eve Wilson), Robert Barrat (Red Baxter), Walter Woolf King (Mr. Beecher), June MacCloy (Lulubelle), George Lessey (Präsident der Eisenbahngesellschaft), Mitchell Lewis (Halfbreed), Tully Marshall (Dan Wilson), Lee Bowman, Clem Bevans, Joe Yule. Länge: 80 Minuten.

THE BIG STORE (1941). Produktion: Metro-Goldwyn-Mayer. Produzent: Louis K. Sidney. Regie: Charles Reisner. Buch: Sid Kuller, Hal Fimberg und Ray Golden nach einer Story von Nat Perrin. Kamera: Charles Lawton. Bauten: Cedric Gibbons und Stan Rogers. Schnitt: Conrad A. Nervig. Musik und Songs: Hal Borne, Sid Kuller, Hal Fimberg. Musikalische Leitung: Georgie Stoll. Darsteller: Groucho (Wolf J. Flywheel), Harpo (Wacky), Chico (Ravelli), Margaret Dumont (Martha Phelps), Douglass Dumbrille (Mr. Grover), Tony Martin (Tommy Rogers), Virginia Grey (Joan Sutton), William Tannen (Fred Sutton), Marion Martin (Peggy Arden), Virginia O'Brien (Kitty), Henry Armetta (Guiseppi), Anna Demetrio (Maria), Paul Stanton (George Hastings), Russell Hicks (Arthur Hastings, Bradley Page (Duke), Charles Holland. Länge: 83 Minuten.

A NIGHT IN CASABLANCA (1946). Produktion: United Artists. Produzent: David L. Loew. Regie: Archie L. Mayo. Buch: Joseph Fields und Roland Kibbee. Zusätzliche Textbeiträge: Frank Tashlin. Kamera: James van Trees. Bauten: Duncan Cramer. Schnitt: Gregg G. Tallas. Musik: Werner Janssen. Songs: Ted Snyder, Bert Kalmar und Harry Ruby. Darsteller: Groucho (Ronald Kornblow), Harpo (Rusty), Chico (Corbaccio), Sig Ruman (Count Pfefferman alias Heinrich Stubel), Lisette Verea (Beatrice Rheiner), Charles Drake (Lt. Pierre Delmar), Lois Collier (Annette), Dan Seymour (Captain Brizzard), Lewis Russell (Galoux), Frederick Gierman (Kurt), Harro Mellor (Emile), David Hoffman (Spion), Hall Harvey (Smythe). Länge: 85 Minuten.

LOVE HAPPY (1949). Produktion: United Artists. Produzent: Lester Cowan. Regie: David Miller. Buch: Frank Tashlin und Mac Benoff nach einer Idee von Harpo Marx. Kamera: William C. Mellor. Bauten: Gabriel Scognamillo. Schnitt: Basil Wrangell und Al Joseph. Musik: Ann Ronell.

Musikalische Leitung: Paul Smith. Darsteller: Harpo (Harpo), Chico (Faustino der Große), Groucho (Sam Grunion), Vera-Ellen (Maggie Phillips), Ilona Massey (Madame Egilichi), Marion Hutton (Bunny Dolan), Raymond Burr (Alphonse Zoto), Melville Cooper (Throckmorton), Paul Valentine (Mike Johnson), Leon Belasco (Mr. Lyons), Eric Blore (Mackinaw), Bruce Gordon (Hannibal Zoto), Marilyn Monroe. Länge: 85 Minuten.

Auswahlbibliographie

Autobiographien

Marx, Arthur, *Son of Groucho*, New York 1972
Marx, Groucho, *Beds*, New York 1930. (Dt. *Bettgeschichten*. Fischer Taschenbuch, Frankfurt 1988)
Marx, Groucho, *Groucho and Me*, New York 1959. (Dt. *Schule des Lächelns*. Sanssouci, Zürich 1961)
Marx, Groucho, *The Groucho Letters*, New York 1967. (Dt. *Die Groucho Letters. Briefe von und an Groucho Marx*, Hanser Verlag, München 1981)
Marx, Harpo (with Rowland Barber), *Harpo Speaks!*, New York 1961. (Dt. *Harpo spricht!* Rogner und Bernhard bei Zweitausendeins, Hamburg 1989)
Marx, Maxine, *Growing up with Chico*, Englewood Cliffs, N.J. 1980

Sekundärliteratur

Adamson, Joe, *Groucho, Harpo, Chico, and sometimes Zeppo*, New York 1973
Anobile, Richard J. (Hrsg.), *Why a Duck? visual and verbal gems from the Marx Brothers movies. Introduction by Groucho Marx*, New York 1972
Arce, Hector, *Groucho*, New York 1979
Barson, Michael (Hrsg.), *Flywheel, Shyster, and Flywheel. The Marx Brothers' Lost Radio Show*, New York 1988. (Dt. *Die Marx Brothers Radio Show*. Rogner und Bernhard bei Zweitausendeins, Hamburg 1989)
Chandler, Charlotte, *Hello, I Must Be Going*, New York 1978. (Dt. *Groucho und seine Freunde*. Rogner und Bernhard bei Zweitausendeins, Hamburg 1989)

Eyles, Allen, *The Marx Brothers. Their World of Comedy*, Cranbury, N.J. 1966
Hoppe, Ulrich, *Die Marx Brothers. Ihre Filme – ihr Leben*, Heyne Verlag, München 1985

Wir danken dem Carl Hanser Verlag, München, für die freundlicherweise erteilte Abdruckgenehmigung aus: *Die Groucho Letters. Briefe von und an Groucho Marx*, München 1981.

Bildnachweis

S. 11: © Süddeutscher Verlag
S. 15: Aus dem Band: *Groucho an Me.*
S. 18: s. o.
S. 19: s. o. © Paramount Pictures
S. 21: s. o. © Paramount Pictures
S. 23: s. o.
S. 25: s. o. © Paramount Pictures
S. 77: © Deutsche Kinemathek
S. 91: © Deutsche Kinemathek
S. 95: © Deutsche Kinemathek
S. 101: © Süddeutscher Verlag
S. 105: © Deutsche Kinemathek

Personenregister

Paris war unsere Geliebte

Streifzüge mit James Joyce, Ernest Hemingway, Ezra Pound, Gertrude Stein und anderen
Herausgegeben und übersetzt von Michael Schulte. 252 Seiten mit 8 Abbildungen. Serie Piper 1026

Das Paris der zwanziger Jahre: Hauptstadt der Moderne, Treffpunkt der Avantgarde. James Joyce und Gertrude Stein, Ernest Hemingway und F. Scott Fitzgerald, Ezra Pound und Ford Madox Ford, Constantin Brancusi und George Antheil haben dort gelebt und ihre Werke geschaffen, einander verehrt und gemieden, sich gegenseitig in berühmten Cafés unter den Tisch getrunken und Boxkämpfe miteinander ausgefochten. Überliefert wurden diese Begebenheiten von Freunden und Verlegern, Schriftstellern und Publizisten. Aus deren erstmals ins Deutsche übersetzten Erinnerungen stellt Michael Schulte witzige Porträts zusammen, Momentaufnahmen, in denen sich die Berühmtheiten nicht immer nur von ihrer Schokoladenseite zeigen. Es entsteht ein lebendiges, in mancher Hinsicht hochprozentiges Bild einer der produktivsten Phasen der europäischen Kultur.

PIPER

Walpurga, die taufrische Amme

Parodien und Travestien von Homer bis Handke
Herausgegeben von Theodor Verweyen und Gunther Witting.
500 Seiten. Serie Piper 906

Dieses Buch ist eine Einladung zu einem Spaziergang durch die Literaturgeschichte, die sich im Spiegel parodistischer Spottlust als ein großer Vergnügungspark darstellt. In bisher noch nicht gebotener Vollständigkeit beißen hier die großen Spötter unerbittlich zu: Größen wie Goethe, Schiller oder Wagner sind ebenso Opfer wie in neuerer Zeit Franz Beckenbauer, Alice Schwarzer, Marcel Reich-Ranicki oder die Werbetextschreiber des Suhrkamp Verlags.
Hier liegt ein Standardwerk vor für den Fachmann und zugleich eine unerschöpfliche Fundgrube für den Liebhaber.

»›Wie ich ein Todfeind sey von allem Parodiren und Travestiren, weil dieses garstige Gezücht das Schöne, Edle, Große herunterzieht‹, schimpfte Goethe auf die Spottlust derer, die auch vor seiner Dichtkunst keinen Respekt zeigten. In der vorliegenden Sammlung finden sich allein zehn solcher ›frechen Bearbeitungen‹ Goethescher Werke. Insgesamt mehr als 130 Parodien und Travestien laden zu einem überaus vergnüglichen Streifzug durch die Literatur ein. Den Schwerpunkt bilden Texte aus dem 19. und 20. Jahrhundert: Fritz Mauthner, Robert Neumann, Erich Kästner, Friedrich Torberg und andere schmieden in Prosa und Verse um, daß es eine Freude ist: von der Bibel, Homer und Horaz bis hin zu Gottfried Benn, Martin Walser, Wolf Biermann und ›Gunter Ratte‹ aus dessen Werk ›Der Grass‹ zitiert wird.«

Die Welt

PIPER

Karl Valentin

Die Friedenspfeife

Eine Auswahl aus dem Werk. 121 Seiten. Serie Piper 311

Gesammelte Werke in einem Band

651 Seiten. Geb.

Ich hätt geküßt die Spur von Deinem Tritt

Musikclownerien. Herausgegeben und mit einem Nachwort von Karl Riha. 189 Seiten mit 21 Abbildungen und Faksimiles. Serie Piper 863

Die Jugendstreiche des Knaben Karl

Herausgegeben von Bertl Valentin-Böheim.
116 Seiten mit 70 Zeichnungen von Ludwig Greiner. Serie Piper 458

Klagelied einer Wirtshaussemmel

Mit einem Liebesbrief von Hanna Schygulla.
128 Seiten. Serie Piper 995

Riesenblödsinn

Eine Auswahl aus dem Werk. 159 Seiten. Serie Piper 416

Der Jaguar, der Jaguar

Illustriert von Janosch. 79 Seiten. Serie Piper 790

Karl Valentins Filme

Alle 29 Filme, 12 Fragmente, 344 Bilder, Texte, Filmographie.
Herausgegeben von Michael Schulte und Peter Syr.
Mit einem Nachwort von Helmut Bachmaier. 225 Seiten. Serie Piper 996

Das Valentin-Buch

Von und über Karl Valentin in Texten und Bildern. Herausgegeben von Michael Schulte. 535 Seiten mit 111 Abbildungen und Faksimiles. Serie Piper 370

Piper 5/6b

PIPER

Raymond Carver

Kathedrale

Erzählungen.
Aus dem Amerikanischen von Klaus Hoffer.
253 Seiten. Geb.

»Was Carver zu erzählen weiß, läuft neben, unter, hinter der vordergründigen, zunächst alle Aufmerksamkeit beanspruchenden Geschichte. Nicht der Unfall, der Tod des Kindes und die vergessene Torte sind wichtig: das gemeinsame Brotessen hebt die Katastrophen auf und ermöglicht, wie nebenbei, ein neues Gleichgewicht des Überlebens.« Frankfurter Allgemeine Zeitung

Wovon wir reden, wenn wir von Liebe reden

14 Erzählungen.
Aus dem Amerikanischen von Klaus Hoffer.
192 Seiten. Geb.

Carvers Erzählungen sind Geschichten ohne Hoffnung und ohne Verzweiflung, die die beschnittene Wirklichkeit sichtbar machen wollen, wenn sie sie schon nicht heilen können. Ihre Magie gewinnen sie aus dem, was sie aussparen. Indem Carver hinter der Banalität die fundamentale Einsamkeit dieser Menschen aufscheinen läßt, gibt er ihnen die Würde zurück, die sie sich selbst versagen – und darin liegt im besonderen das Eindrucksvolle seiner Erzählkunst.

»Carvers außerordentliche Begabung besteht darin, mit einem Minimum an Sätzen eine Situation zu umreißen, Atmosphäre zu schaffen, Menschen sichtbar zu machen und ihre mehr oder weniger verkümmerten Empfindungen, vor allem ihre Sprachlosigkeit, deren Defizite durch gesellschaftliche Rituale kompensiert werden.«
Frankfurter Rundschau

»Es ist Raymond Carver unvergleichlich gelungen, Einsamkeit, Beschädigung und Glücksmomente seiner Figuren darzustellen, das Rätselhafte und Unheimliche ihres – und nicht nur ihres – Lebens hinter der Lakonie und dem Schweigen in diesen Texten sichtbar zu machen. Carver ist bei uns immer noch zu entdecken. Und wer sich den besprochenen Erzählungsband vornehmen will, sollte sich den Band »Kathedrale« von 1985 gleich dazu besorgen. Er ist genauso gut.« Radio Bremen

Piper 16/4d

PIPER

Cynthia Ozick

Puttermesser und ihr Golem

Erzählungen
Aus dem Amerikanischen
von Melanie Walz. 260 Seiten. Geb.

»Cynthia Ozick beschreibt die Einsamkeit der Menschen und die Verkommenheit der Städte, die Alten-Silos in Florida, Orte absoluter Trostlosigkeit, in denen die einzige Überlebensmöglichkeit darin besteht, verrückt zu sein, sich um die Normalität nicht zu kümmern. Es sind Geschichten voller Skurrilität und Witz, Intelligenz und Wehmut, in denen in einer Mischung aus Phantastischem und Realistischem stets die Menschen im Mittelpunkt stehen. Und deren einzige Chance – betont die stilsichere Autorin immer wieder – liegt im Träumen.« Der Tagesspiegel

»Ob in der Alltagshölle eines New Yorker Intellektuellenpaars oder in der Welt des Golemgirls: Cynthia Ozick schafft mit Geschick und Witz Situationen, in denen es wüst und wunderlich zugeht (oder zugehen müßte), in denen sich Isaac Singer und Woody Allen zu begegnen scheinen und der Rabbi mit dem Stadtneurotiker das Tanzen anfängt.« Süddeutsche Zeitung

Von derselben Autorin ist lieferbar:

Der Messias von Stockholm

Roman. Aus dem Amerikanischen
von Melanie Walz. 147 Seiten. Serie Piper 1215

PIPER

Literarische Biographien

Jürg Amann
Robert Walser
Auf der Suche nach einem verlorenen Sohn
79 Seiten mit 13 Abbildungen. Serie Piper 5212

Anton Austermann
Kurt Tucholsky
Der Journalist und sein Publikum
202 Seiten mit 14 Abbildungen. Serie Piper 5214

Andreas Höfele
Malcolm Lowry
Aber der Name dieses Landes ist Hölle
213 Seiten mit 10 Abbildungen. Serie Piper 893

Dietrich Kerlen
Edgar Allan Poe
Elexiere der Moderne
163 Seiten mit 20 Abbildungen. Serie Piper 5244

Albrecht Koschorke
Leopold von Sacher-Masoch
Die Inszenierung einer Perversion
198 Seiten mit 8 Abbildungen. Serie Piper 928

PIPER

Biographien

Albrecht Fölsing
Galileo Galilei – Prozeß ohne Ende
Eine Biographie
500 Seiten mit 49 Abbildungen. Serie Piper 537

Richard Friedenthal
Diderot
Ein biographisches Porträt
159 Seiten. Serie Piper 316

Weitere Titel des Autors:

Goethe
Sein Leben und seine Zeit
669 Seiten. Serie Piper 248
(Auch als gebundene Ausgabe lieferbar)

Jan Hus
Der Ketzer und das Jahrhundert der Revolutionskriege
478 Seiten. Serie Piper 331

Leonardo
174 Seiten mit 105 Abbildungen. Serie Piper 299

Luther
Sein Leben und seine Zeit
681 Seiten mit 38 Abbildungen. Serie Piper 259

Martin Gregor-Dellin
Richard Wagner
Sein Leben – Sein Werk – Sein Jahrhundert
930 Seiten. Leinen

Vom selben Autor ist lieferbar:

Richard Wagner
Eine Biographie in Bildern
220 Seiten mit 325 farbigen und schwarzweißen Abbildungen. Leinen

PIPER